W0174163

Zu diesem Buch

«Mit diesem Buch möchte ich die Physik näher an die Geisteswissenschaften und die menschlichen Belange heranrücken,
indem ich einige bekannte Naturerscheinungen untersuche. Im
bilderreichen Wandteppich der Wissenschaftsgeschichte folgt
es den Spuren der goldenen Fäden, die das ganze Gewebe
zusammenhalten. Hin und wieder geht es, spielerisch und
heiter, auf mathematische Analysen ein, um sie mit Hilfe von
Analogien und Modellen in Worte zu übersetzen. Vor allem
aber soll es ein wenig von dem Gefühl des Staunens, ja fast der
Ehrfurcht, vermitteln, das die Natur in Wissenschaftlern
weckt.»

Hans Christian von Baeyer, in Deutschland geboren, ist Physik-
Professor am College of William and Mary in Williamsburg,
Virginia. Sein 1993 bei Rowohlt erschienenes Werk «Das Atom
in der Falle» wurde von der Zeitschrift *bild der wissenschaft*
zum informativsten Sachbuch des Jahres gewählt. Außerdem
bei Rowohlt lieferbar: «Fermis Weg: Was die Naturwissenschaft mit der Natur macht».

Hans Christian von Baeyer

Regenbogen, Schneeflocken und Quarks

Physik und die Welt,
die wir täglich erleben

Deutsch von Hainer Kober

Rowohlt

rororo science
Lektorat Jens Petersen

Deutsche Erstausgabe
Veröffentlicht im Rowohlt Taschenbuch Verlag GmbH,
Reinbek bei Hamburg, Januar 1996
Copyright © 1996 by Rowohlt Taschenbuch Verlag GmbH,
Reinbek bei Hamburg
Die Originalausgabe erschien 1984 unter dem Titel
«Rainbows, Snowflakes, and Quarks: Physics and the World Around Us»
im Verlag Random House, New York
Copyright © 1984 by Hans Christian von Baeyer
Umschlaggestaltung Barbara Hanke (Foto: M. Tomalty/ZEFA-Masterfile)
Illustrationen Laura Hartman
Alle deutschen Rechte vorbehalten
Satz Sabon (Linotronic 500)
Gesamtherstellung Clausen & Bosse, Leck
Printed in Germany
1490-ISBN 3 499 19709 X

Für Melissa, Christopher und Barbara

Inhalt

Einleitung:
Das Wesen der Physik

Wörtlich bedeutet *Physik* im Griechischen «Erforschung der natürlichen Dinge». Gemeint sind damit Regenbogen und Schneeflocken, Wolken und Blitze, Wasserfälle und -strudel, rosafarbene Morgendämmerungen und strahlende Sonnenuntergänge, Meereswellen und das Kräuseln auf Pfützen – kurz, die ganze Vielfalt der herrlichen Formen und endlosen Metamorphosen, in denen wir die materielle Welt erleben.

Leider hat das Wort «Physik» in unserer Sprache einen höchst sterilen Klang. Bei dem scharfen Zischlaut denken wir an den streng logischen Umgang mit kalten Fakten, unverständlichen Berechnungen und seltsamen Geräten, die nichts mit dem täglichen Leben zu tun haben – Assoziationen, die die Physik mit all den anderen Naturwissenschaften teilt. Im Gegensatz dazu läßt bei den Geisteswissenschaften schon der Name auf die Beschäftigung mit Dingen von allgemeinem geistigem Interesse und damit auf bessere Verständlichkeit und leichtere Zugänglichkeit schließen. Musik, Malerei und Dichtkunst werden geschätzt als Labsal für die Seele, während die Physik häufig eine Mischung aus Abneigung und Furcht vor dem Unbekannten hervorruft. Vielleicht kann die Rückkehr zu ihren Ursprüngen, die unbefangene Besinnung auf ihre wirkliche Bedeutung etwas von der Entfremdung nehmen und die Physik wieder vertrauter machen.

Im antiken Griechenland begann die Physik als Untersuchung der Naturerscheinungen. Seither hat sich die Welt zwar verändert, aber die Phänomene haben überdauert. Der Tau glitzert heute genauso wie damals; seine Farbenpracht ist so herrlich anzusehen und seine Entstehung für den forschenden Verstand heute ebenso faszinierend wie vor

dreitausend Jahren. Die Phänomene haben nicht nur ihr Erscheinungsbild bewahrt, sondern sie sind auch im Mittelpunkt des physikalischen
Interesses geblieben. Eine vollständige Erklärung der Taubildung ist in
jeder Hinsicht ebenso kompliziert wie die Naturgesetze, die das Verhalten von Lasern und Schwarzen Löchern bestimmen, aber der Tau
bleibt auch im Zeitalter der Raumfahrt leichter zugänglich. Das Wesen
der Physik können wir ganz in unserer Nähe erfassen, mag es auch
häufig unter der Oberfläche der Dinge verborgen liegen.

Mit diesem Buch möchte ich die Physik näher an die Geisteswissenschaften und die menschlichen Belange heranrücken, indem ich einige
geläufige Naturerscheinungen untersuche. Nicht etwa die spektakulären Wunder der High-Tech-Forschung und die sinnverwirrenden Geheimnisse der theoretischen Physik will ich auf den folgenden Seiten
beschreiben, sondern vertraute Phänomene, die durch eine eingehende
Betrachtung noch vertrauter werden könnten. Nur das letzte Kapitel
streift kurz die abstrakteren Ideen der modernen Physik, aber auch da
geht es mir mehr um Kontinuität mit der Vergangenheit als um den
Reiz des Neuen.

Zwar ist die theoretische Physik kompliziert und anspruchsvoll geworden, nicht aber ihre Denkweise und die zugrundeliegenden Annahmen. Eine Handvoll zentraler Ideen ist über die Jahrhunderte bemerkenswert unverändert geblieben. Gerald Holton, der untersucht hat,
wie sich diese entscheidenden Ideen im Laufe der Geschichte auf die
Arbeit von Wissenschaftlern ausgewirkt haben, bezeichnet sie als
Themata (griechische Pluralbildung von «Thema»). Themata sind
unausgesprochene Voraussetzungen, vorgefaßte Meinungen und Annahmen, die intuitiven Charakter haben. Sie sind überdauernde Beweggründe oder unbewußte Vorurteile, die das Denken selbst der ob-
jektivsten Wissenschaftler beeinflussen. Auch wenn man die Physik
ohne ihre experimentelle Basis und die theoretische Analyse betrachtet,
bleibt immer ein Rest nicht begründeter Prinzipien; das sind die Themata.

Zu den beharrlichen Themata gehören die Hypothese, daß Materie
aus einzelnen Atomen besteht, und die gegenläufige Auffassung, die
Welt stelle ein Kontinuum dar. Diese beiden Prinzipien ringen noch
heute um die Vorherrschaft, und aus ihrer Spannung bezieht auch die
aktuelle Forschung wichtige Impulse. Andere Themata sind die fortge-

setzte Suche nach Symmetrie, die bereits zur Zeit Platons begonnen hat, die Beschäftigung mit ganzen Zahlen, die Pythagoras anregte, und das Prinzip der Sparsamkeit bei der Aufzählung von Axiomen, das wir mit Euklids Namen verbinden. Zu nennen wären weiterhin die Auffassung, daß die Quantifizierung der Analyse vorangehen muß, die alte Idee, daß einige physikalische Größen erhalten bleiben, das Bemühen, viele Erscheinungen mit Hilfe von Statistik und Wahrscheinlichkeitsrechnung zu verstehen, die Bedeutung, die man dem Standpunkt des Beobachters zuschreibt – ein Gedanke, der in der Relativitätstheorie kulminiert –, der Wert von Allgemeingültigkeit und Einfachheit einer Erklärung und der Kausalitätsbegriff. Das vielleicht fundamentalste Thema ist der Glaube an die Möglichkeit einer einzigen in sich schlüssigen Beschreibung der Natur.

Natürlich erwachsen Themata weder aus der experimentellen Beobachtung der Naturerscheinungen, noch sind sie explizite theoretische Annahmen. Trotzdem beeinflussen sie nicht nur die Antworten, auf die die Physiker stoßen, sondern sogar die Fragen, die sie formulieren. Sie gehören nicht zum offiziellen Bestand der wissenschaftlichen Fachsprache und sind vielleicht deshalb für Laien ebenso zugänglich wie die Naturerscheinungen selbst. Wie die Erscheinungen sorgen sie für eine Verbindung im Denken der Wissenschaftler über die Jahrhunderte hinweg. Als James Clerk Maxwell vor hundert Jahren eine mathematische Analyse der Elektrizität und des Magnetismus in einer Sprache darlegte, die für die meisten Menschen so fremd wie Griechisch ist, wußte er sich mit früheren Generationen durch gemeinsame Themata und ein allgegenwärtiges Gefühl des Staunens verbunden:

Ist der Raum unendlich, und in welchem Sinne? Ist die materielle Welt unendlich in ihrer Ausdehnung, und sind alle Orte innerhalb dieser Ausdehnung gleichermaßen mit Materie gefüllt? Gibt es Atome, oder ist die Materie unendlich teilbar? Fragen dieser Art werden erörtert, seit die Menschheit zu denken begann, und sobald wir über unsere geistigen Fähigkeiten gebieten, stellen sich diese Fragen akuter denn je. Sie sind für die Naturwissenschaft des neunzehnten Jahrhunderts unserer Zeitrechnung so wichtig wie für die des fünften Jahrhunderts vor ihrem Beginn.

Von den drei Elementen der Physik – Phänomenen, Themata und Analysen – sind die ersten beiden alt und einfach. Nur das dritte Element ist wissenschaftlich, schwierig und sehr abstrakt. Insofern ist es unglücklich und widersinnig, daß sich ein Großteil populärwissenschaftlicher Bemühungen auf die theoretische Analyse richtet und versucht, sie dem Laien durch Vereinfachung und Umschreibung schmackhaft zu machen. Dadurch geht die tröstliche Gewißheit verloren, daß die Beweggründe und stillschweigenden Voraussetzungen – die Themata – des modernen Physikers sich gar nicht so sehr von denen des griechischen Philosophen, des mittelalterlichen Gelehrten und des Renaissancedenkers unterscheiden. So sind beispielsweise Maxwells Fragen von realem und unmittelbarem Interesse für den Kosmologen des zwanzigsten Jahrhunderts und den theoretischen Hochenergiephysiker. Wenn wir die historische Einheit und Kontinuität der Physik begreifen, gewinnt sie ein sehr viel menschlicheres Gesicht.

Am Ende müssen wir uns jedoch auch der Analyse stellen, weil sie für die Physik genauso wichtig ist wie die Phänomene und die Themata. Hier trifft der populärwissenschaftliche Autor auf ein gewaltiges Hindernis: die mathematische Sprache, in der die Physik niedergelegt ist. Die Übersetzung von Gleichungen in Worte ist zwar mühsam, aber auch nicht mühsamer als die Übersetzung von Dichtung in Alltagssprache. Das eigentliche Problem liegt in der außerordentlichen Sparsamkeit des mathematischen Ausdrucks, der komplexe Ideen in ein kaum noch weiter reduzierbares System von Symbolen bringt. Wenn Newton $F = ma$ schreibt, dann fängt er damit ein ganzes Universum mechanischer Wechselwirkungen ein. Diese Art, Gedanken auszudrücken, steht in krassem Gegensatz zu den Geisteswissenschaften und Künsten. Shakespeare kann nicht die ganze Fülle seiner Gedanken und Gefühle zu König Lear in einem Satz wie «Lear ist verrückt» zusammenfassen, sondern muß das Stück mit all seiner Redundanz, Vieldeutigkeit, Unbestimmtheit, Eloquenz und Dunkelheit schreiben. Die Botschaft des *Lear* mag letztlich zwar kurz sein, sie läßt sich aber nicht in ein paar Worten zusammenfassen. Die wilde Unordnung des Shakespeareschen Stückes kommt der Art, wie Menschen denken und fühlen, näher als Newtons Klarheit. Die Mathematik ist einfach zu exakt.

Trotzdem ist der Vergleich irreführend. Hinter der Gleichung $F = ma$ verbergen sich die Definition ihrer Symbole, die philosophischen Probleme ihrer Interpretation, die historischen Voraussetzungen der Theorie und ihre komplizierten, ungenauen und mehrdeutigen experimentellen Tests, ihr Anwendungsbereich und ihre Grenzen, ihre praktischen Konsequenzen und äquivalente Formulierungen – kurzum, die ganze Bedeutung. Der Physiker, der sich an der wunderbaren Knappheit der Gleichung erfreut, weiß gleichzeitig auch um die unübersichtliche Weitläufigkeit der physikalischen Welt, die den Hintergrund bildet und ohne die die vier kleinen Symbole sinnlos wären. Er ist unehrlich, wenn er vorgibt, die Formel $F = ma$ sei die ganze Wahrheit, so wie der Geisteswissenschaftler nicht mit offenen Karten spielt, wenn er behauptet, das Theaterstück durch eine Synopsis des *Lear* ersetzen zu können.

Die Mathematik ist eine kompakte Sprache und sehr aufschlußreich für die, die sie zu deuten und ihre Symbole anzuwenden wissen, doch bleibt sie für alle, die dazu nicht in der Lage sind, völlig nichtssagend. Deshalb müssen Autoren populärwissenschaftlicher physikalischer Bücher bemüht sein, ihren Lesern den Sinn zu erläutern, den diese den mathematischen Beschreibungen ohne Hilfestellung nicht entnehmen können. Einführende Lehrbücher gehen dabei unterschiedliche Wege, um die nackten mathematischen Gesetze der Physik etwas anschaulicher zu machen. Einige bemühen die Wissenschaftsgeschichte, andere verweisen auf Anwendungen in der Alltagswelt, wieder andere erzählen Anekdoten über die beteiligten Menschen und Ereignisse oder versuchen, den Leser zu eigenen Entdeckungen zu ermuntern. Alle diese Methoden sind berechtigt, aber am erfolgreichsten ist ihre Mischung, weil jeder Leser anders reagiert. Entsprechend ist man mit dem *Lear* nicht fertig, wenn man seinen Aufbau untersucht, die historischen Hintergründe geklärt, eine psychologische Analyse vorgelegt oder ein Glossar der schwierigen Wörter zusammengestellt hat. Ein vernünftiger Anmerkungsapparat wird die wichtigsten Aspekte aller vier Untersuchungsmethoden in sich vereinigen. Doch letztlich hat der literaturwissenschaftliche Herausgeber eine leichtere Aufgabe als der populärwissenschaftliche Autor, weil *König Lear* den Leser auch ohne Fußnoten anspricht, was der Formel $F = ma$ nicht annähernd so gut gelingt.

Das wirkungsvollste Mittel zur Übersetzung der Physik aus der mathematischen in die Alltagssprache ist die Analogie. In gewissem Sinne ist alles Lernen analog, weil es unvertraute Konzepte in vertraute Bilder und Ausdrücke faßt. In unserem Fall ist die Analogie besonders geeignet, weil sie auch der Naturwissenschaftler als Hilfsmittel schätzt.

13

So gelang es Niels Bohr beispielsweise, dank der unerwarteten Analogie zum Sonnensystem das Wasserstoffatom zu verstehen. Ein paar Jahre später konnte Erwin Schrödinger aufgrund der Ähnlichkeit zwischen den Schwingungen einer Geigensaite und denen eines Elektrons im Wasserstoffatom Bohrs Theorie präzisieren und erweitern. Da Fortschritte in der theoretischen Physik häufig Analogien enthalten, ist dem Physiker die Methode vertraut, und er versteht es geschickt, dem Uneingeweihten mit ihrer Hilfe den Zugang zu seiner geheimnisvollen Wissenschaft zu eröffnen.

Im Wortschatz der Physik ist das «Modell» eng verwandt mit dem Begriff der Analogie. Zwar sind die mechanischen Modelle früherer Generationen den mathematischen Modellen gewichen, aber die Idee ist die gleiche geblieben. Ein wissenschaftliches Modell ist ein künstliches Konstrukt, das als Analogon für eine Naturerscheinung dient. Es ist einfacher, besser zu verstehen und, wie ein maßstabsgerechtes Schiffsmodell, leichter zu handhaben als das Original. Man kann es angleichen und verfeinern, bis seine Eigenschaften die empirischen Beobachtungen so genau widerspiegeln, daß man seiner Vorhersagekraft vertrauen kann.

Gegen Ende des neunzehnten Jahrhunderts, als man sich das Universum wie ein riesiges, exakt funktionierendes Uhrwerk vorstellte, spielten Modelle eine besonders wichtige Rolle in der Physik. Lord Kelvin, einer der bedeutendsten Physiker jener Zeit, behauptete, er könne kein Phänomen verstehen, bevor er sich nicht ein mechanisches Modell von ihm ausgedacht habe. Der Zwang zur Konstruktion mechanischer Modelle erreichte seinen Höhepunkt um die Jahrhundertwende, als Joseph Larmor vorschlug, man müsse sich das Vakuum als ein ungeheures Aggregat von winzigen, untereinander verbundenen Gyroskopen vorstellen, die Larmor für notwendig hielt, um die damals als paradox empfundenen Eigenschaften des Vakuums zu erklären. Diese ganze knirschende Mechanik fegte Einstein 1905 kühn beiseite, indem er das Vakuum für leer erklärte. Seitdem sind die Theoretiker jedoch wieder eifrig bemüht, es mit ätherischen, aber nicht weniger bizarren Gebilden zu füllen.

Für den populärwissenschaftlichen Autor kommen die Modelle aus der Abstellkammer der Physik wie gerufen. Da sie keinen Anspruch mehr darauf erheben, die Wirklichkeit abzubilden, können sie heute als

Analogien dienen, um die modernen Theorien anschaulicher und verständlicher zu machen. Beispielsweise hielt man Elektrizität einst für ein Fluid. Dieses Modell ist inzwischen längst aufgegeben worden, aber der Vergleich mit Wasserströmen, der zur Verwendung von Wörtern wie *Strom*, *Durchfluß* und *Kapazität* führte, entfaltet immer noch große Suggestivkraft. Obwohl in der Astronomie die mechanischen Modelle des Sonnensystems die Kräfte, die die Planeten in ihren Bahnen halten, nicht mehr angemessen darstellen, bleiben sie geeignete didaktische Instrumente. Sogar Bohrs Modell des Wasserstoffatoms, das 1913 so real erschien, gilt heute nur noch als historische Kuriosität, doch als Analogie dient es auch weiterhin dazu, jüngere Generationen in die Quantenmechanik einzuführen. Es zeugt von der unverminderten Anziehungskraft des Bohrschen Planetenatoms, daß es als stilisiertes Bild den Briefkopf unzähliger High-Tech-Firmen schmückt. Das überholte Modell des Physikers ist zum universellen Piktogramm geworden.

In den Geisteswissenschaften bezeichnet man Analogien und Modelle als Mythen; wie in der Naturwissenschaft dienen sie dazu, das Unverständliche verständlich zu machen. In diesem Sinne ist die Genesis eine Analogie für die Erschaffung der Welt. Doch nur solange wir uns vor Augen halten, daß sie eine Wirklichkeit abbildet, die ganz anders und viel komplizierter ist, behält sie ihre emotionale Bedeutung. Sobald wir sie als Tatsachenbericht mißverstehen, führt sie uns in die Irre und richtet Schaden an.

Allgemeiner betrachtet, ist die Religion die größte Analogie überhaupt. Der Naturwissenschaftler, der um die unergründliche Komplexität der Natur weiß und der sowohl an das Erklärungsvermögen als auch an die Grenzen der Analogie gewöhnt ist, findet leichteren Herzens Zugang zur Religion, als es die öffentliche Meinung, unabsichtlich oder absichtlich irregeführt, annimmt.

Für Sir Isaac Newton war Gott kein Mythos, sondern ein realer und notwendiger Bestandteil des Universums. «Diese bewundernswürdige Einrichtung der Sonne, der Planeten und Kometen hat nur aus dem Rathschlusse und der Herrschaft eines alles einsehenden und allmächtigen Wesens hervorgehen können», erklärt er und legt dann ausführlich dar, was sich bei näherer Betrachtung der Naturerscheinungen in Hinblick auf den Schöpfer ableiten läßt und was nicht. Die Legitimität dieser Prüfung, die einen Teil seiner Schrift *Mathematische Prinzipien der Naturlehre* ausmacht, unterstreicht er nachdrücklich: «Dies hatte ich von Gott zu sagen, dessen Werke zu untersuchen die Aufgabe der Naturlehre ist.» Ein Vierteljahrtausend später schrieb Einstein in seiner wissenschaftlichen Autobiographie, das religiöse Gefühl des Wissenschaftlers komme im verzückten Staunen über die Harmonie der Naturgesetze zum Ausdruck, die «eine Intelligenz von solcher Erhabenheit offenbart, daß verglichen damit das ganze systematische Denken und Handeln des Menschen ein höchst unbedeutender Abglanz ist». Gott ist zur menschlichen Repräsentation, dem Analogon, der unfaßbaren Intelligenz geworden, die die Natur durchdringt. In dem Maße, wie der Wissenschaftler die Schönheit und Ordnung des Universums empfindet, ist er religiös. Zeitlich auf halbem Weg zwischen Newton und Einstein faßte Goethe die analoge Beziehung zwischen Wissenschaft und Religion mit charakteristischer Vieldeutigkeit zusammen: «Wer Wissenschaft und Kunst besitzt, / Hat auch Religion; / Wer jene beiden nicht besitzt, / Der habe Religion.»

Dieses Buch ist für Leser geschrieben, die Kunst besitzen und ein wenig Wissenschaft hinzugewinnen möchten. Es beschäftigt sich mit Phänomenen und mit einigen Menschen, die versucht haben, sie zu verstehen. Im bilderreichen Wandteppich der Wissenschaftsgeschichte folgt es den Spuren der goldenen Fäden, der Themata, die das ganze Gewebe zusammenhalten. Hin und wieder geht es, spielerisch und heiter, auf mathematische Analysen ein, um sie mit Hilfe von Analogien und Modellen in Worte zu übersetzen. Vor allem aber soll es ein wenig von jenem Gefühl des Staunens, ja fast der Ehrfurcht, vermitteln, das die Natur in Wissenschaftlern weckt.

Bewegung

Kinder, die am Strand umhertollen und einen Ball in den Sommerhimmel werfen, ein langer Paß zu dem vorpreschenden Stürmer, ein hoher *lob* über das Netz, der den Tennisspieler zwingt, nach hinten zu laufen, ein Freiwurf in der atemlosen Spannung nach dem Foul – in der Vielfalt dieser Bilder gilt die Aufmerksamkeit des Physikers einem gemeinsamen Element: dem Flug des Balls. Von einer Geschwindigkeit, die die Aufmerksamkeit fesselt, doch langsam genug, um das Herz stocken zu lassen, unabänderlich in seiner Bahn, aber unvorhersehbar in seiner Wirkung, gleichmäßig, aber nicht gleichförmig; in Bewegungen wie dieser, der bereits in vorgeschichtlichen Zeiten Felsbrocken folgten, ausgespien von Vulkanen, werden noch Projektile durch die Luft fliegen, wenn alle Sportstätten zu Staub zerfallen sind.

Physiker wählen Eigenschaften der unbelebten Natur aus, die einfach und universell sind. Darin liegt das Geheimnis des ungeheuren Erfolgs, den sie mit ihrer Wissenschaft erzielt haben. Es geht weniger darum, Antworten zu finden, als vielmehr die richtigen Fragen zu stellen. Das Kunststück besteht darin, die Fragen einfach zu halten und trotzdem universellen Phänomenen auf den Leib zu rücken. Physiker stellen keine *großen* Fragen: Was ist Leben? Wie kann man der Liebe Dauer verleihen? Wie läßt sich Krebs heilen? Wie können wir der Inflation Einhalt gebieten? Schon innerhalb der Disziplin selbst führen derart komplizierte oder besondere Phänomene wie Wasserstrudel oder die Entstehung der Erde zu ungewissen Erklärungen. Aber klar umrissene Fragen – Wie schnell fällt ein Stein? Wie stoßen Billardkugeln zusammen? – lassen sich durch sorgfältige Beobachtung wiederholter Experimente und logisches Denken eindeutig beantworten. Eine solche Frage von universellem Interesse betrifft die Wurfbahn, den Flug von Bällen und Geschossen. Von all den Fragen, die dem Zuschauer eines

Ballspiels durch den Kopf gehen könnten – zur Rolle des Spiels in der Gesellschaft, zur Physiologie des Werfens, zum Erfolgsstreben des Menschen, zur Choreographie der Spieler –, interessiert den Physiker lediglich die Flugbahn des Balls. Vielleicht ist dieses Problem am leichtesten zu lösen. Sicherlich hat es aber, wie Galileo Galilei darlegte, mit einem der fundamentalsten Effekte in der Naturwissenschaft zu tun.

Wie die Raketenforschung und die Atomenergie hat auch die wissenschaftliche Beschäftigung mit der Wurfbewegung im Bannkreis militärischer Anwendung begonnen. Ihr Erfinder ist Niccolò Tartaglia, ein hervorragender Mathematiker, der im Jahre 1500 geboren wurde, hundert Jahre, bevor Galilei die Mechanik zu einer systematischen Wissenschaft ausarbeitete. Tartaglia verdankt seinen Namen – er bedeutet «stottern» – einem Schwerthieb, der ihm in frühen Jahren das Kinn spaltete und zu einer dauerhaften Sprachstörung führte. Für die Wurfbewegung begann er sich zu interessieren, als ihn ein Soldat nach dem Elevationswinkel fragte, den eine Kanone aufweisen müsse, um

18

eine möglichst große Reichweite zu erzielen. Tartaglias richtige, auf theoretischen Überlegungen fußende Antwort, der Winkel betrage 45 Grad, überraschte die Fachleute; sie hätten ihn für kleiner gehalten. Ein Test, durch Wetten mit zusätzlicher Spannung angereichert, bestätigte die mathematische Vorhersage und veranlaßte Tartaglia, sich eingehender mit dem Gegenstand zu beschäftigen. 1532 hatte sich aus seinen Aufzeichnungen eine Abhandlung entwickelt, von deren Veröffentlichung er allerdings absah, wofür er höchst ehrenwerte Gründe hatte: Er hielt es für unmoralisch, Christen mittels wissenschaftlicher Erkenntnisse dabei zu helfen, andere Christen umzubringen. Damit war seine Entscheidung ein seltenes Beispiel für das, was nach Meinung mancher Menschen unter verantwortlichem wissenschaftlichem Handeln zu verstehen ist. Damals wie heute kam man in der Wissenschaft nur durch Veröffentlichungen zu Ruhm und Reichtum; insofern bedeutete Tartaglias Verzicht ein echtes Opfer. Indes, seine Skrupel waren nur von kurzer Dauer. 1537 mußte Venedig eine Invasion der ungläubigen Türken fürchten, was Tartaglia veranlaßte, sein Buch im Interesse der inneren Sicherheit drucken zu lassen – die erste wissenschaftliche Schrift über Ballistik. Damals wie heute scheint der Krieg gegen Andersgläubige gerechter zu sein als der gegen Glaubensgenossen. Vielleicht war es aber auch nur ein Akt der Notwehr.

Da sich Kanonenkugeln und selbst Bälle sehr schnell bewegen, hat das Auge Schwierigkeiten, ihrer Bahn zu folgen. Tatsächlich ist der Weg eine imaginäre Linie, die keine greifbaren Spuren hinterläßt. Wie soll man also eine theoretische Flugbahn, die man errechnet und auf Papier zeichnet, mit Experimentalergebnissen vergleichen? Im Laufe der Jahrhunderte sind viele Methoden zur Durchführung eines solchen Tests erfunden worden. In Florenz, versteckt hinter den Uffizien und unbemerkt vom Strom der Touristen, der die unsterblichen Kunstwerke umbrandet, liegt das kleine Museo Nazionale di Storia della Scienza, ein Denkmal für die Leistungen des menschlichen Verstandes. Im hinteren Raum, vorbei an Galileis Finger, der in einer silbernen Monstranz gezeigt wird, findet der Besucher in einer Sammlung mechanischer Lehrobjekte ein Katapult aus Holz, gefolgt von einer nach unten geneigten Sequenz verstellbarer Reifen. Wenn alle Reifen genau um die richtige Bahn zentriert sind, wird die Kugel nach dem Abschuß ihren Weg ungehindert bis zum Fußboden zurücklegen. Ragt hingegen ein Reifen hervor, wird die Kugel gegen ihn prallen. Verändert man Winkel und Geschwindigkeit des Abschusses, muß man die Positionen der Reifen entsprechend modifizieren. Auf diese Weise wird die Flugbahn durch die Mittelpunkte der Reifen abgesteckt und läßt sich nach Belieben untersuchen, zeichnen und vermessen. Heute werden solche mechanischen Apparate durch stroboskopische Lampen oder Zeitlupenaufnahmen ersetzt, die das Geschehen einfrieren.

Doch es gibt auch eine einfachere Methode, den ganzen Weg auf einen Blick zu sehen: Auch ein Wasserstrahl, den man in die Luft richtet und der seinen Weg ungehindert zurücklegt, beschreibt eine Flugbahn. Jeder Tropfen läßt sich dabei als einzelnes Wurfgeschoß vorstellen, dessen Bahn durch die vielen anderen ihm auf dem gleichen Weg vorausgehenden und nachfolgenden Tropfen sichtbar gemacht wird. Ein Gartenschlauch liefert das wandelbarste, ein Trinkwasserspender das am weitesten verbreitete Beispiel. In einem solchen Wasserstrahl wird die Bahn nicht durch Anhalten der Bewegung sichtbar gemacht, sondern durch ihre pausenlose Wiederholung. Der Platz jedes der in Bewegung befindlichen Tropfen wird stetig jeweils vom nächsten eingenommen. Das Problem, die Gestalt der Flugbahn einer Kanonenkugel zu beschreiben, wird ersetzt durch die Aufgabe, die Gestalt des Bogens darzustellen, den der Strahl aus einem Trinkwasserspender zurücklegt.

Erstmals hat Galilei die exakte Geometrie dieser Gestalt beschrieben und sie aus den Grundprinzipien der Mechanik abgeleitet. Er war sich der Bedeutung dieser Entdeckung sehr wohl bewußt. In seinem letzten und wichtigsten Werk, *Unterredungen und mathematische Demonstrationen über zwei neue Wissenszweige*, das er mit vierundsiebzig Jahren veröffentlichte, stellt er fest, seit ältesten Zeiten habe man «beobachtet, daß Wurfgeschosse eine gewisse Curve beschreiben», verkündet dann aber voller Stolz, daß er die Beschaffenheit dieser Kurve als erster geklärt habe. Dennoch räumte er ein, daß die Bedeutung seines Beitrags weniger in den Einzelheiten als vielmehr in der Methode zu sehen sei, die, wie er hoffe, die Bahn ebne «zur Errichtung einer sehr weiten, außerordentlich wichtigen Wissenschaft… in deren tiefere Geheimnisse einzudringen Geistern vorbehalten bleibt, die mir überlegen sind».

Er hatte recht. Seine Ableitung der ballistischen Kurve eröffnete den Weg zu Newton, der in Galileis Todesjahr geboren wurde, und zu Einstein im zwanzigsten Jahrhundert. Die Verbindung zwischen Mathematik und Natur, wie sie in einem einfachen Trinkwasserspender zutage tritt, ist das besondere Kennzeichen der modernen Naturwissenschaft.

Für die griechischen Philosophen, die Geraden und Kreise für göttlich und vollkommen hielten, lag es nahe, die Flugbahnen von Bällen, Kugeln und Wassertropfen als Teilkreise anzusehen. Dabei ergibt sich jedoch eine Schwierigkeit, sobald man einen Gegenstand fast senkrecht nach oben wirft. Dann scheint die Flugbahn nämlich aus drei unterschiedlichen Teilen zu bestehen: einem geraden Anfangsabschnitt, einem gekrümmten Teil, der ein Halbkreis sein könnte, und einer dritten Phase, die wieder gerade und mit dem ersten Abschnitt symmetrisch ist. Nach jahrelangem Kopfzerbrechen und unzähligen falschen Ansätzen fand Galilei endlich eine einfache mathematische Formel, die die Flugbahn in allen Fällen beschreibt. Die Formel entspricht einer geometrischen Figur mit einem vertrauten Namen, aber einer unvertrauten Definition: der Parabel.

Die Parabel selbst, als mathematischer Begriff, ist sehr viel älter als Galilei. Zusammen mit der Hyperbel und der Ellipse hat sie Apollonios von Perge im dritten Jahrhundert v. Chr. in seinem Buch *Elemente der Kegelschnitte* eingeführt. Stellen wir uns einen Kegel wie eine Narrenkappe vor. Wenn wir mit einem scharfen Messer an der Seite der Kappe einen Schnitt senkrecht nach unten führen und ein Stück abschneiden, dann bildet der Schnittrand an der Kappe eine Hyperbel. Führen wir den Schnitt dagegen parallel zur Seite der Kappe aus, entsteht eine Parabel. Liegt der Schnitt fast, aber nicht ganz horizontal, erhalten wir eine Ellipse. Am uninteressantesten ist die vollkommen horizontale Messerführung, die einen kreisförmigen Schnittrand ergibt.

Die Bezeichnungen *Hyperbel*, *Parabel* und *Ellipse* leiten sich von Wörtern mit der Bedeutung «übertreiben», «gleichen» und «mangeln» her. Sie bedeuten, daß die Neigung des Schnitts die Neigung des Kegelmantels übertrifft, ihr gleicht oder hinter ihr zurückbleibt. So tauchen im Fachvokabular der modernen Sprachwissenschaft die Kronjuwelen der antik-griechischen Geometrie auf: Hyperbel, Parabel, Ellipse.

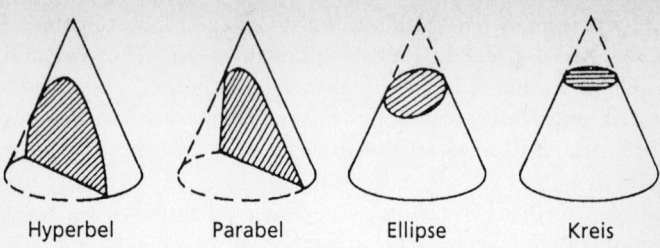

| Hyperbel | Parabel | Ellipse | Kreis |

Apollonios entwickelte die mathematischen Formeln zur Beschreibung der Kegelschnitte. Aus heutiger Sicht ist die Formel für die Parabel am einfachsten. Wenn man eine Parabel mit der Öffnung nach unten und ihrem Scheitelpunkt im Ursprung eines Koordinatensystems zeichnet, dann ist für jeden Punkt der Parabel der vertikale Abstand vom Ursprung dem Quadrat des horizontalen Abstands proportional. Wandert also ein Punkt, der die Parabel hinunterrutscht, um zwei Einheiten nach rechts, so bewegt er sich gleichzeitig um vier Einheiten senkrecht nach unten.

Um zu beweisen, daß die Bahn eines Wurfgeschosses eine Parabel ist, benötigte Galilei drei Grundgedanken, die er mit Hilfe von Logik und Experimenten in einem lebenslangen Kampf gegen die aristotelische Autorität entwickelte. Es handelte sich um das Gesetz des freien Falls, das Trägheitsgesetz und das Relativitätsprinzip. Diese Regeln der Mechanik sind in so schlichten Naturerscheinungen enthalten wie zum Beispiel der Figur, die der Strahl eines Trinkwasserspenders beschreibt.

Galileis Gesetz des freien Falls besagt, daß ein Gegenstand, den man aus dem Ruhezustand fallen läßt, in gleichen Zeitintervallen Abstände im Verhältnis $1 : 3 : 5 : 7 : 9 \ldots$ zurücklegt. Wenn man beispielsweise einen Stein in einen Brunnenschacht fallen läßt und er während des ersten Herzschlags eine Leitersprosse passiert, kommt er während des nächsten Herzschlags an drei Sprossen vorbei, dann an fünf, an sieben und so fort. Wie Galilei zu diesem eleganten und überzeugenden Ergebnis gelangt ist, wissen wir nicht, jedenfalls hat er es experimentell bestätigt. Vielleicht ist ihm eine bemerkenswerte Eigenschaft aufgefallen, die nur die Reihe der ungeraden Zahlen besitzt. Nehmen wir an, in dem Brunnenbeispiel wäre das zugrundeliegende Zeitintervall nicht ein

Herzschlag, sondern zwei. Dann wären die nacheinander im Fall zurückgelegten Abstände $1 + 3 = 4$ Sprossen, $5 + 7 = 12$ Sprossen, $9 + 11 = 20$ Sprossen und so fort. Die Abstände 4, 12, 20... befinden sich ebenfalls im Verhältnis $1 : 3 : 5$ zueinander, wie es Galileis Gesetz des freien Falls verlangt. Andere Reihen, etwa $1 : 2 : 3 : 4$... oder $2 : 4 : 6 : 8$..., lassen diese hübsche Eigenschaft vermissen – den Umstand, daß die Verhältnisse aufeinanderfolgender Abstände unabhängig von der Länge des Zeitintervalls gleich bleiben.

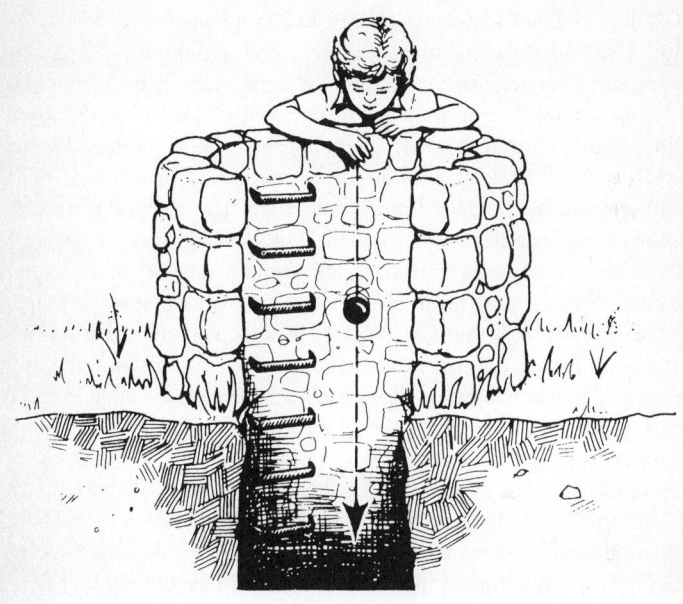

Aus dem Gesetz des freien Falls läßt sich die Gesamtentfernung eines Objekts von seinem Ausgangspunkt ableiten. Nach einem Herzschlag beträgt dieser Abstand 1 Sprosse, nach zwei Herzschlägen $1 + 3 = 4$ Sprossen, nach drei $1 + 3 + 5 = 9$ Sprossen und so fort. Die resultierende Zahlenreihe ist, *mirabile dictu*, die Folge der Quadratzahlen. Fassen wir zusammen: *Während* aufeinanderfolgender Zeitintervalle verhalten sich die zurückgelegten Abstände wie $1 : 3 : 5 : 7$... *Nach* aufeinanderfolgenden Zeitintervallen verhalten sich die Gesamtabstände vom Ausgangspunkt wie 1:4:9:16... Die Jünger des Pythagoras, die glaubten, die Geheimnisse der Natur seien in numerischen Beziehungen verschlüsselt, wären von diesen Regeln entzückt gewesen.

Um sie experimentell zu verifizieren, was bei senkrecht fallenden Objekten schwierig ist, hatte Galilei einen höchst genialen Plan entwickelt, um die Wirkung der Schwerkraft zu verlangsamen. Statt Kugeln fallen zu lassen, ließ er sie schräge Ebenen hinunterrollen, wodurch er die Abstände streckte und die Zeitintervalle vergrößerte. So ließ sich das Geschehen leichter messen.

Galileis zweites Instrument war das Trägheitsgesetz. Dieser Gedanke läßt sich so einfach formulieren, daß es schon einer geistigen Anstrengung bedarf, um zu erkennen, wieviel Mühe seine Entwicklung im Laufe der Jahrhunderte gemacht hat. Selbst Galilei hat das Gesetz nicht in seiner ganzen, beeindruckenden Einfachheit gesehen. Entsprechend der Beobachtung, daß die ontogenetische Entwicklung häufig die phylogenetische wiederholt, haben auch heutige Studienanfänger ihre Schwierigkeiten mit dem Gesetz. Das Trägheitsgesetz besagt: In Abwesenheit äußerer Kräfte setzt ein Objekt, das sich in Bewegung befindet, diese ewig fort. Ein Hammer, der im All aus einer Raumkapsel geworfen wird, kommt nie zum Stillstand. Auf einem idealen, reibungslosen Eis wird ein Eishockeypuck endlos davonschlittern, ohne sich zu verlangsamen. Ein vollkommenes Auto rollt auf einer vollkommen flachen und ebenen Straße ohne Luftwiderstand zeitlich unbegrenzt dahin.

Weder die Griechen noch die scholastischen Philosophen haben das Trägheitsgesetz entdeckt. Unsere Intuition, ausgehend von alltäglichen Beobachtungen, scheint ihm zu widersprechen. Bei Abwesenheit von äußeren Kräften kommen in Bewegung befindliche Objekte sehr wohl zum Halten: Ein Karren bewegt sich, während er geschoben wird, doch entzieht man ihm die bewegende Kraft, bleibt er rasch stehen. Um das Trägheitsgesetz aufzustellen, muß man sich Reibung und Luftwiderstand fortdenken, aber das dafür erforderliche Maß an Abstraktion ist erstaunlich hoch.

Galilei gewann diesen notwendigen Abstand mit Hilfe eines Gedankenexperiments. Dabei stellte er folgende Überlegung an: Auf einer leicht ansteigenden Ebene wird eine rollende Kugel an Geschwindigkeit verlieren. Auf einer leicht abfallenden Ebene wird eine rollende

24

Kugel an Geschwindigkeit gewinnen. Was wird auf einer glatten ebenen Fläche geschehen? Die Kugel wird weder langsamer noch schneller rollen und muß deshalb ihre ursprüngliche Geschwindigkeit beibehalten. Das ist das Trägheitsgesetz. Bekannt geworden ist es als das erste Newtonsche Bewegungsgesetz – eigentlich müßte es Galileis Namen tragen.

Das dritte Element in Galileis Ableitung der parabolischen Bahn ist das Relativitätsprinzip. Diese Bezeichnung hat es erst viel später bekommen, aber seine Formulierung und Verwendung sind bis auf den heutigen Tag fast unverändert geblieben. Wie Galilei erkannte, wird die Wurfbewegung durch den Umstand kompliziert, daß sich eine Kanonenkugel gleichzeitig vorwärts und abwärts bewegt, so daß sich die Frage erhebt: Wie wirken sich diese beiden Bewegungen aufeinander aus? Die Antwort ist so einfach wie überraschend: überhaupt nicht. Die Zeit, die ein Objekt braucht, um drei Meter zu fallen, und die Zeit, die eine Kanonenkugel braucht, um drei Kilometer zu fliegen und dabei drei Meter abzusinken, sind absolut gleich. Obwohl unser intuitives Vorverständnis sich gegen die Behauptung sträubt, daß eine waagerecht abgeschossene Kugel und die im selben Augenblick vom Gewehr ausgestoßene Patronenhülse gleichzeitig auf dem Boden aufschlagen, zeigt die Beobachtung genau dies. Die horizontale Bewegung stülpt sich der vertikalen einfach auf, ohne sie zu verändern.

Um diese Behauptung zu beweisen, schlägt Galilei vor, eine Kugel zu betrachten, die ein Matrose vom Mast eines Schiffes fallen läßt. Liegt das Schiff im Hafen, schlägt die Kugel nach einem bestimmten Zeitraum an Deck auf. Wenn sich das Schiff mit gleichförmiger Geschwindigkeit vorwärts bewegt, trifft die Kugel, so behauptet Galilei, nach der gleichen Zeitspanne auf das Deck, obwohl sich Schiff, Mast, Matrose und Kugel die ganze Zeit vorwärts bewegt haben.

Ein Beobachter auf dem fahrenden Schiff wird die Kugel in gerader Linie herabfallen sehen. Dagegen hat ein Betrachter vom Ufer aus den Eindruck, daß die Kugel einer Bahn folgt, die sich in der Bewegungsrichtung des Schiffes krümmt. Die Beschreibung der Bahn ist daher *relativ*: Sie richtet sich nach dem Standort des Beobachters.

Den Gedanken, daß die Vorwärtsbewegung die Abwärtsbewegung nicht beeinflußt, legt Galilei am zweiten Tag des *Dialogs über die beiden hauptsächlichsten Weltsysteme*, seiner Verteidigung des Koperni-

kus, höchst beredsam dar. Um dem störenden Einfluß des Luftwiderstands auf Kanonenkugeln zu entkommen, entführt uns Galilei in untere Gefilde:

Schließt Euch in Gesellschaft eines Freundes in einem möglichst großen Raum unter dem Deck eines großen Schiffes ein. Verschafft Euch dort Mükken, Schmetterlinge und ähnliches fliegendes Getier; sorgt auch für ein Gefäß mit Wasser und kleinen Fischen darin; hängt ferner oben einen kleinen Eimer auf, welcher tropfenweise Wasser in ein zweites enghalsiges darunter gestelltes Gefäß träufeln läßt. Beobachtet nun sorgfältig, solange das Schiff stille steht, wie die fliegenden Tierchen mit der nämlichen Geschwindigkeit nach allen Seiten des Zimmers fliegen. Man wird sehen, wie die Fische ohne irgend welchen Unterschied nach allen Richtungen schwimmen; die fallenden Tropfen werden alle in das untergestellte Gefäß fließen. Wenn Ihr Euerem Gefährten einen Gegenstand zuwerft, so braucht Ihr nicht kräftiger nach der einen als nach der anderen Richtung zu werfen, vorausgesetzt, daß es sich um gleiche Entfernungen handelt. Wenn Ihr, wie man sagt, mit gleichen Füßen einen Sprung macht, werdet Ihr nach jeder Richtung hin gleichweit gelangen. Achtet darauf, Euch aller dieser Dinge sorgfältig zu vergewissern, wiewohl kein Zweifel obwaltet, daß bei ruhendem Schiffe alles sich so verhält. Nun laßt das Schiff mit jeder beliebigen Geschwindigkeit sich bewegen: Ihr werdet – wenn nur die Bewegung gleichförmig ist und nicht hier- und dorthin schwankend – bei allen genannten Erscheinungen nicht die geringste Veränderung eintreten sehen. Aus keiner derselben werdet Ihr entnehmen können, ob das Schiff fährt oder stille steht. Beim Springen werdet Ihr auf den Dielen die nämlichen Strecken zurücklegen wie vorher, und wiewohl das Schiff aufs schnellste sich bewegt, könnt Ihr keine größeren Sprünge nach dem Hinterteile als nach dem Vorderteile zu machen: und doch gleitet der unter Euch befindliche Boden während der Zeit, wo Ihr Euch in der Luft befindet, in entgegengesetzter Richtung zu Euerem Sprunge vorwärts. Wenn Ihr Euerem Gefährten einen Gegenstand zuwerft, so braucht Ihr nicht mit größerer Kraft zu werfen, damit er ankomme, ob nun der Freund sich im Vorderteile und Ihr Euch im Hinterteile befindet oder ob Ihr umgekehrt steht. Die Tropfen werden wie zuvor in das untere Gefäß fallen, kein einziger wird nach dem Hinterteile zu fallen, obgleich das Schiff, während der Tropfen in der Luft ist, viele Spannen zurücklegt.

Wieviel überzeugender sind diese Ausführungen als die nüchternen Worte moderner Autoren! Hören wir den folgenden Abschnitt aus dem Buch *Der Wert der Wissenschaft* von Henri Poincaré, das der berühmte Mathematiker im Jahre 1904 fertigstellte:

> Das Prinzip der Relativität [besagt, daß] die Gesetze der physikalischen Vorgänge für einen feststehenden Beobachter die gleichen sein sollen wie für einen in gleichförmiger Translation fortbewegten, so daß wir gar kein Mittel haben oder haben können, zu unterscheiden, ob wir in einer derartigen Bewegung begriffen sind oder nicht.

Beide Texte sagen genau das gleiche aus. Zur berühmtesten Anwendung des Relativitätsprinzips kam es im Jahr darauf, als Albert Einstein es noch einmal wiederholte und auf ihm ein vollkommen neues Weltbild errichtete, die Relativitätstheorie.

Damit verfügen wir über alle Elemente zur Analyse einer Flugbahn. Der einfachste Fall ist der einer Kanonenkugel, die von einer hohen Klippe waagerecht abgeschossen wird. Sehen wir vom Luftwiderstand ab, wird die Vorwärtsbewegung des Geschosses nicht behindert. Nach dem Trägheitsgesetz wird die Kugel ihre Vorwärtsbewegung fortsetzen, ohne ihre Geschwindigkeit zu verringern oder zu erhöhen. Dabei legt sie eine waagerechte Entfernung zurück, die der Anzahl der Zeitintervalle proportional ist. Gleichzeitig und unabhängig davon, wie es das Relativitätsprinzip verlangt, fällt die Kugel. Nach dem Gesetz des freien Falls ist der senkrechte Abstand vom Rand der Klippe dem *Quadrat* der Anzahl der Zeitintervalle proportional. Daraus folgt, daß die senkrechte Entfernung dem Quadrat der waagerechten Entfernung proportional ist. Diese Beziehung entspricht exakt der Formel des Apollonios für eine Parabel. Folglich ist die Flugbahn eine Parabel.

Das Problem der Bewegung, das sich seit den Bemühungen des Parmenides um 500 v. Chr. hartnäckig jeder Analyse entzogen hatte, war damit schließlich doch der Geometrie erlegen. Fast zweitausend Jahre geistiger Anstrengungen gipfelten in der Feststellung, daß der Strahl aus einem Trinkwasserspender eine Parabel bildet.

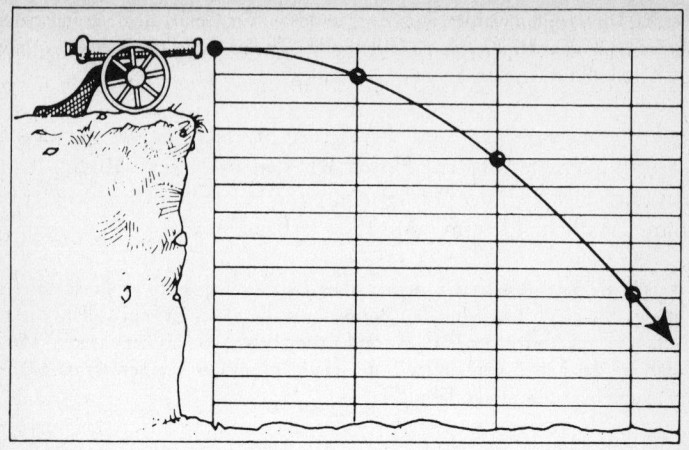

Die Parabel war nicht der einzige Kegelschnitt, dessen Manifestation man plötzlich in der Natur entdeckte. Fast gleichzeitig mit Galileis Untersuchungen fand Johannes Kepler heraus, daß die Planeten nicht kreisförmigen, sondern elliptischen Bahnen folgen. Das griechische Denken war so besessen vom vollkommenen Kreis und hatte die Astronomie mit diesem Gedanken so gründlich beherrscht, daß andere Figuren einfach unvorstellbar gewesen waren. Sogar der radikale Neuerer Kopernikus, der zu behaupten gewagt hatte, daß sich die Erde bewege, hatte ein Himmelsmodell aus Kreisbahnen in Kristallsphären entworfen. Auch Kepler war bei seiner Untersuchung der Planetenbewegung zunächst von ineinandergreifenden Kreisen ausgegangen, und selbst Galilei konnte sich nicht dazu durchringen, in der Astronomie die Kreise aufzugeben. Kreise und Kugeln sind insofern vollkommen symmetrisch, als sie aus allen Richtungen gleich aussehen. Im Vergleich zu ihnen sind die Ellipsen und Parabeln, die ihren Platz einnahmen, häßliche, schiefe Gebilde, auch wenn sie in einigen Richtungen symmetrisch sind. Mit ihrer Einführung schien sich die göttliche Vollkommenheit auf das Gebiet der Philosophie und Theologie zurückgezogen zu haben, während die Physik in die Niederungen säkularer Unvollkommenheit und Unbeständigkeit abstieg.

Doch der Symmetriebegriff ist nicht nur altehrwürdig und gebieterisch, er ist auch hartnäckig. Immer wenn er aus dem Blick gerät, taucht er auf einer höheren Analyseebene wieder auf. Im Falle der Mechanik wurde die sphärische Symmetrie bald nach Galileis Tod wiederhergestellt. Isaac Newtons Gesetz der universellen Gravitation und sein Bewegungsgesetz lassen sich zu einer kleinen Gleichung zusammenfassen, die ein halbes Dutzend Symbole enthält und die dem Mathematiker eine vollkommene und augenfällige sphärische Symmetrie offenbart. Aus dieser Gleichung leitete Newton die Vorhersage ab, daß jedes Objekt, das sich unter dem Einfluß der Schwerkraft bewegt, entweder einer Ellipse, einer Hyperbel, einer Parabel oder einem Kreis folgen muß. Damit sicherte er den Kegelschnitten, die Galilei und Kepler nur widerstrebend aus der Geometrie entlehnt hatten, einen festen Platz in der Physik.

Wie kann Newtons symmetrische Gleichung Ellipsen hervorbringen, die doch einen geringeren Symmetriegrad aufweisen? Als die Griechen sich auf die kreisförmige Himmelsbewegung konzentrierten, haben sie nicht tief genug in die Natur hineingeblickt. Die zugrundeliegende Symmetrie ist nicht die der Kugel, sondern die des Kegels. Der Kegel selbst ist symmetrisch, doch wenn man ihn durchschneidet, ergibt sich eine Vielzahl von Kegelschnitten, deren Mangel an vollkommener Symmetrie zufällige Folge der Messerneigung ist. Entsprechend kann eine symmetrische Gleichung je nach den Anfangsbedingungen unsymmetrische Lösungen haben. Ein physikalisches Beispiel für diesen mathematischen Sachverhalt liefert ein künstlicher Satellit. In eine erdnahe Umlaufbahn gebracht, kann er je nach Geschwindigkeit und Richtung des Starts anschließend einer Bahn folgen, die einem der vier Kegelschnitte entspricht, obwohl die Erde rund und die Gravitation symmetrisch um sie herum verteilt ist. Moderne Physiker fasziniert und entzückt die verborgene Symmetrie ihrer Gleichungen ebenso wie die griechischen Philosophen die offenkundigere Symmetrie der von ihnen vermuteten kreisförmigen Planetenbahnen.

So erhält die Flugbahn, die ein Ball in der Sommerluft beschreibt, ihre Symmetrie zurück, doch einige Rätsel bleiben ungelöst. Warum zeichnen die Bahnen von Wurfgeschossen und Planeten die Kurven nach, die Apollonios von Perge ersonnen hat? Wodurch kommt die Kongruenz zwischen den reinen Erfindungen eines Mathematikers und dem Verlauf einer Naturerscheinung zustande? Warum beschreibt Mathematik die reale Welt? Leicht läßt sich ein Universum vorstellen, für das dies nicht gilt. Wenn Gott beispielsweise beschlösse, seinen Willen direkt kundzutun und auf die Vermittlung durch die Naturgesetze zu verzichten, dann wäre die Physik eine andere Wissenschaft. Äpfel würden manchmal schnell fallen, manchmal langsam und manchmal überhaupt nicht – ganz nach Lust und Laune des Allmächtigen. Die Tageslänge hinge von seiner Stimmung ab. Nach seinem Belieben würde sich das Licht krümmen. Mathematische Gesetze wären nutzlos, weil sich in ihnen nicht der himmlische Wunsch verkörperte. In Wirklichkeit aber funktioniert die Mathematik. Die Entdeckung, daß eine Ellipse die Umlaufbahn des Mars und eine Parabel den Weg eines Wasserstrahls beschreibt, ist zunächst einmal überraschend. Es muß da noch etwas Verborgenes geben, irgendeine unbekannte enge Verbindung zwischen Mathematik und Natur. Worin besteht sie?

Ein Teil der Antwort könnte sich aus der Tatsache ergeben, daß wir der Natur unsere Vorstellungen aufzwingen. Eine Wurfbahn ist schließlich nicht vollkommen parabolisch und eine Planetenbahn nicht vollkommen elliptisch. Doch wir übersehen diese Unvollkommenheiten geflissentlich und sind bestrebt, in der Natur das zu entdecken, was unser Verstand ersonnen hat. Wären die Computer lange vor der Geometrie entwickelt worden, bestünden die Beschreibungen von Wurf- und Umlaufbahnen jetzt aus langen Zahlenlisten und nicht aus Kegelschnitten – genauer, aber weniger überraschend. Doch bliebe die grundlegende Frage bestehen. Statt uns über den Zusammenhang zwischen Natur und Geometrie zu wundern, sähen wir uns veranlaßt zu fragen: Welcher Zusammenhang besteht zwischen Natur und Arithmetik?

Ein anderer Teil der Antwort mag darin bestehen, daß sich Apollonios, Galilei und Kepler – ohne sich dessen bewußt zu sein – mit dem gleichen Problem auseinandergesetzt haben: der Struktur von Raum und Zeit. Wenn die Gravitation wie die Bewegung eine Eigenschaft von Raum und Zeit ist, dann müßten sich in mathematischen und physikalischen Untersuchungen die gleichen Muster zeigen. Kegelschnitte wären dann nicht nur in der Geometrie zu erwarten, sondern eben auch in der Flugbahn von Objekten, die der Gravitation unterworfen sind. Allerdings wäre in diesem Falle zu fragen, warum nicht *alle* Kurven, die Mathematiker erfunden haben, in der Natur anzutreffen sind.

Für Anhänger Platons wie Johannes Kepler lautet die Antwort, daß sich die Natur in all ihren Hervorbringungen nur einer kleinen Anzahl von Formen oder Mustern bedient. Danach haben die Parabeln und Ellipsen im Geist des Apollonios präexistiert, und er mußte sie dort nur entdecken, so wie Galilei die Parabel im Trinkwasserspender und Kepler die Ellipsen im Sonnensystem entdeckt hat.

Doch all das sind Spekulationen, die für Physiker nicht sehr interessant sind. Daß die Mathematik die Sprache im Buche der Natur ist, bildet eine der fundamentalen, nicht in Frage gestellten Annahmen, eines der Themata, der Physik. Einstein wies das ganze Problem elegant von sich, indem er sagte: «Am unverständlichsten an der Welt ist, daß sie verständlich ist.»

Schwerkraft

Am 14. März 1979 wurde in aller Welt des hundertsten Geburtstags von Albert Einstein gedacht. Es war ein Jubiläum der reinen Vernunft und zugleich ein Gedenktag für Menschlichkeit, Schlichtheit und Anstand. Seit mehr als einem Jahrhundert ist der Name Einstein weit über die Grenzen der Physikergemeinschaft hinaus ein Begriff. Ein volkstümlicher Held ist er, ein etwas geheimnisumwittertes Genie, dessen wissenschaftliches Werk für den Laien unverständlich ist, dessen Verkündungen aber, ganz gleich zu welchem Thema, Aufmerksamkeit und Respekt verdienen. Sein Geburtstag erneuerte und verstärkte diesen fast mythischen Ruf. Ehrfurchtsvoll machte man die Jugend wieder vertraut mit dem freundlichen Gesicht, über dem eine wilde Mähne weißer Haare absteht, als sei sie von überfließender Intelligenz elektrisiert. Zustimmend wurden seine Meinungen zitiert, sein Weitblick bewundert, so daß sein Ruhm in neuem Glanz erstrahlte.

Die Geheimnisse, die Einstein sein Leben lang beschäftigten, lassen sich in drei Fragen zusammenfassen. Was ist Raum? Was ist Zeit? Was ist Gravitation? Wenn er sie auch – verständlicherweise – nicht beantworten konnte, so entdeckte er doch Beziehungen zwischen ihnen, die man nie vermutet hätte; außerdem hat er mathematische Formulierungen entwickelt, die radikal, schön und, soweit wir wissen, richtig sind. Mit seiner Gravitationstheorie, die er zwischen 1910 und 1916 ausgearbeitet hat, setzte er sich sein größtes Denkmal und vollbrachte zugleich eine der erstaunlichsten Leistungen der reinen Vernunft, die die Geschichte der Naturforschung aufzuweisen hat.

Die Gravitation ist, wie der Raum, allgegenwärtig und läßt sich, wie die Zeit, nicht abstellen. Die Elektrizität, eine andere vertraute Kraft, kann abgeschaltet werden; Magnetismus läßt sich abschirmen; sogar der starken Wechselwirkung, die die Atomkerne zusammenhält, kann man durch Antimaterie entgegenwirken; doch die Gravitation durchdringt alle Stoffe, wirkt auf alle Materie gleichermaßen ein und kennt keine Kraft, die sich ihr entgegenstellt, kein abschirmendes Material, keine Antigravitation. Nur Gott kann sie an- und abstellen, und er ist stolz darauf: «Kannst du die Bande des Siebengestirns zusammenbinden?» fragt er Hiob rhetorisch, und dieser antwortet demütig: «Darum habe ich unweise geredet, was mir zu hoch ist und ich nicht verstehe.» Da die Schwerkraft immer vorhanden ist und wir nicht auf sie einwirken können, sind wir uns ihrer selten bewußt. Und doch beherrscht sie unser Leben. Was für ein Triumph, wenn das Neugeborene zum erstenmal sein wackliges Köpfchen hebt und umherblickt – der erste Sieg über die Schwerkraft. Von diesem Augenblick an ist das Leben ein ständiger Kampf. Entscheidende Siege erzielen wir, wenn wir zum erstenmal aufstehen, Fahrrad fahren, einen Berg erklimmen, an einem Seil emporklettern, einen Ball hoch in die Luft schießen, eine Mauer errichten, einen Damm bauen, ein Bild aufhängen, eine Hantel stemmen, eine Hürde nehmen, eine Flagge hissen oder uns auf einen fahrenden Bus ziehen. Dagegen gewinnt die Schwerkraft jedesmal, wenn eine Nadel zu Boden fällt, ein Flugzeug zerschellt, ein Turm einstürzt, eine Lawine zu Tal geht und ein Baby vom Bett rollt.

Doch wichtiger noch als die großen Herausforderungen sind die endlosen Scharmützel, die uns aufreiben. Jeder Tag beginnt mit einer solchen Konfrontation. Um uns aus dem Bett zu erheben, müssen wir den Körper gegen den Zug der Schwerkraft aufrichten. Manchmal wächst sich dieser kleine Konflikt zu einem Kampf aus und endet mit einer Niederlage. Bei anderen Gelegenheiten verhöhnen wir die Schwerkraft, indem wir sie mit Liegestützen, Kniebeugen und Klimmzügen zum Duell herausfordern, doch das Ergebnis ist und bleibt immer das gleiche: Am Ende gewinnt stets die Schwerkraft die Oberhand. Den Rest des Tages sind wir damit beschäftigt, Treppen zu steigen, von Stühlen aufzustehen, Nahrung zum Mund zu heben, Töpfe oder Bücher umherzutragen (und sie gelegentlich fallen zu lassen) – kurzum, entweder Dinge, die oben sind, nach unten, oder Dinge, die unten sind, nach oben zu befördern. Dabei pumpt das Herz das Blut permanent gegen die Schwerkraft durch den Körper, und die Muskeln bewahren die Knochen vor dem Zusammenbruch. Der Kampf endet erst, wenn unser Leib im Grab endgültig der Gravitation anheimfällt.

Die Welt ist durchdrungen von der Schwerkraft, und alle Prozesse der Natur sind von ihr abhängig. Erst hat sie die Stoffe der Erde zu einer Kugel zusammengeballt, und nun hält sie sie zusammen. Und als sie den konvulsiven Zuckungen des jungen Planeten entgegenwirkte, hat sie die Berge geformt. Sie läßt Bäche und Ströme fließen, zieht den Regen aus den Wolken und ebnet die Oberfläche des Meeres. Dem Wachstum von Baumstämmen und Blumenstengeln gibt sie die Richtung vor, und es ist auch die Schwerkraft, infolge deren sich die unteren Gliedmaßen der Tiere von ihren oberen unterscheiden. Gravitation wirkt als einschränkendes, organisierendes, richtungweisendes Prinzip in der Natur. Unerbittlich zwingt sie die Form aus dem Chaos. Sie prägt die Gestalt der Sterne und Galaxien, die Umlaufbahnen der Planeten und die Expansion des Universums. Sie bindet das Siebengestirn und verankert nicht zuletzt unsere Füße fest auf der Erde.

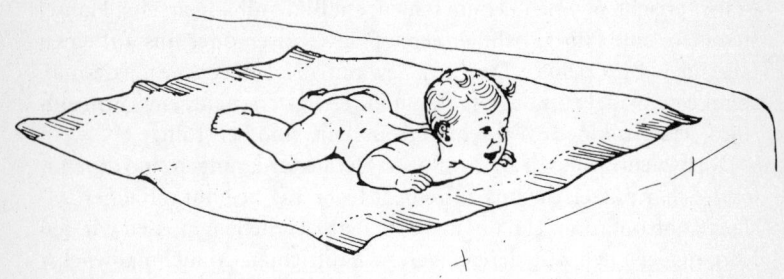

Die organisierende Funktion der Schwerkraft in der natürlichen Ordnung war im Kern bereits der griechischen Philosophie bekannt. Nach Aristoteles ist die natürliche Bewegung schwerer Dinge auf den Mittelpunkt der Erde gerichtet – ein höchst beruhigender Umstand. Damit hat sich das Geheimnis der Schwerkraft in Luft aufgelöst. Warum fällt ein Stein? Nun, warum nicht? erwidert der Philosoph. Abwärts ist seine natürliche Neigung, und diesem eingepflanzten Bestreben folgt er eben. Wir könnten auch fragen: Warum kommt er auf dem Boden zur Ruhe? Und die Antwort lautet: weil sich seine natürliche Neigung durch die ihr entgegenwirkende Kraft des Bodens nicht entfalten kann.

Mit der Behauptung, etwas sei natürlich, ersparen wir uns weiteres

Nachdenken. «Natürlich», das heißt normal, intakt und üblich, im Gegensatz zu anomal und pathologisch, zu analyse- und interpretationsbedürftig. Mit dem Wort «natürlich» beginnt man keine Gespräche, sondern beendet sie.

Fast zweitausend Jahre lang hat die Antwort des Aristoteles die meisten Philosophen zufriedengestellt. Erst im siebzehnten Jahrhundert machte Isaac Newton die Schwerkraft zu etwas Außerordentlichem, einem Phänomen, das Aufmerksamkeit verdiente und einer Erklärung bedurfte. Er war, wie zuvor Galilei, der Meinung, die natürliche Verfassung eines Apfels, den man von seinem Baum gelöst habe, sei der Ruhezustand. Nur unter dem Einfluß jenes Spezialeffektes, den wir Schwerkraft nennen, gebe der Apfel seinen natürlichen Zustand auf und beginne zu fallen. Uns, die wir erdgebunden sind, erscheint es seltsam, wenn jemand die Bewegungslosigkeit als natürlich bezeichnet. Einem Astronauten, der durch das All fliegt, würde diese Idee schon eher einleuchten, denn er ist an den Anblick eines Hammers gewöhnt, der ruhig im Raum verharrt, nachdem man ihn losgelassen hat.

Indem Newton dem Gravitationsbegriff eine strenge mathematische Form verlieh und ihn verallgemeinerte, trug er noch zur Vertiefung seines Geheimnisses bei. Er zeigte, daß Schwerkraft nicht nur eine Eigenschaft der Erde ist, sondern auch vom Mond, von der Sonne und den anderen Planeten ausgeht. Tatsächlich ziehen sich alle materiellen Objekte im Universum an, wobei sie bestimmten einfachen Gesetzen der Mathematik folgen, die Newton sehr einfallsreich entschlüsselte. Doch woher kommt diese Kraft? Was bringt die Dinge dazu, einander anzuziehen?

Die wissenschaftliche Bezeichnung für Newtons Beschreibung ist Fernwirkung. Sie bedeutet, daß zwei Objekte eine Anziehungskraft aufeinander ausüben, ohne dazu eine Berührung oder ein vermittelndes Medium zu benötigen – ein höchst seltsames Phänomen, sind wir doch, um einen anderen Menschen zu beeinflussen, auf Berührung oder Schallübertragung angewiesen. Oder wir müssen einen Brief schicken oder zumindest dafür sorgen, daß das von unserem Körper reflektierte Licht unser Bild entstehen läßt. Die Erde hingegen beeinflußt uns, zieht uns an, ohne daß sie einer derartigen Vermittlung bedarf. Über eine Entfernung von vielen tausend Kilometern wirkt ihre

Anziehungskraft auf den Mond ein. Fernwirkung ist eine der alltäglichen Erfahrung fremde Vorstellung.

Newton machte sich keine Illusionen über seine Entdeckung. Wie er sehr wohl wußte, erklärte sie gar nichts, obwohl sie die Bewegungen des Universums mit wunderbarer Genauigkeit beschrieb. Nur Gott wisse das, glaubte er und war zufrieden damit, daß der Schöpfer in seiner Weisheit einen Schimmer seines großen Systems preisgab, indem er das Wie offenbarte. Für Newton war die Erklärung der Schwerkraft als Fernwirkung ein mathematisches Konstrukt, das dem intuitiven menschlichen Verständnis nicht unbedingt zugänglich sein muß.

Menschen von geringerer Begabung können sich manchmal nicht zu dieser gelassenen Distanz durchringen. Viele haben sich bemüht – und viele bemühen sich heute noch –, Modelle zu finden, die das Problem lösen und den Verstand beruhigen, wenn ihn die unbequeme Frage heimsucht: Warum ziehen Dinge einander an? Die Geschichte der Ritter, die aufbrachen, um gegen diese Windmühlenflügel zu kämpfen, ist lang und farbig. Sie ist geprägt von Enttäuschung, Besessenheit, Unvernunft, Unwissenheit und Wahn.

Nehmen wir beispielsweise Cadwallader Colden (1688–1776). In Schottland geboren, wurde er Botaniker in den amerikanischen Kolonien und schließlich Vizegouverneur von New York. (Seine Kompetenz hat ihm kein Geringerer als Linné bescheinigt, der ihn *Summus perfectus* nannte!) In seinem späteren Leben begann er über das Problem der Schwerkraft nachzudenken, ohne allerdings die Newtonsche Lehre, die im achtzehnten Jahrhundert die Welt eroberte, sehr gründlich verstanden zu haben. Sein Ziel war es, das Warum zu beantworten, dem Newton ausgewichen war. 1745 veröffentlichte Colden in New York eine Broschüre mit dem Titel *An Explication of the First Causes of Action in Matter* (Eine Erklärung der ersten Ursachen der Wirkung in der Materie), dem ein englischer Herausgeber den vielversprechenden Zusatz *and the Cause of Gravity* (und die Ursache der Schwerkraft) hinzufügte. Wer sich in der Physik auskannte, lehnte das Modell sofort ab, aber bemerkenswerterweise wird es bis auf den heutigen Tag mit schöner Regelmäßigkeit immer wieder neu erfunden. Es erklärt die Schwerkraft durch den Druck von Ätherteilchen, die das Universum vermeintlich füllen: Da sich Erde und Mond teilweise gegen den Ansturm der von weither kommenden Teilchen gegenseitig abschirmten, sei der Druck auf die einander zugekehrten Seiten von Mond und Erde geringer. Deshalb würden die beiden Körper aufeinander zugedrückt. Cadwallader Colden starb in der Hoffnung, unsterblichen Ruhm erlangt zu haben, nicht etwa wegen der kleinen Blume, die Linné nach ihm benannt hatte, sondern weil er glaubte, er habe die Ursache der Schwerkraft entdeckt. Seine Hoffnung ging jedoch nicht in Erfüllung.

Glücklicherweise artet bei den meisten Menschen die Beschäftigung mit dem Rätsel der Schwerkraft nicht zur Besessenheit aus. Leichtgläubigkeit ist eine verbreitete menschliche Schwäche. «Was ich dir dreimal sage, ist wahr», verkündet der Ausrufer auf der Jagd nach dem Snark, einer Kreuzung aus Schlange und Hai in einem Gedicht von Lewis Carroll. Man hat Newtons Erklärung der Schwerkraft so oft und so sehr im Brustton der Überzeugung wiederholt, daß wir sie heute glauben und der ehrlichen Meinung sind, sie sei ein Teil unseres intuitiven Weltverständnisses. Als der Astronomieprofessor William D. MacMillan von der University of Chicago 1926 bei einer Debatte über die Relativitätstheorie etwas verspätet seine Zweifel an Einsteins neuer Theorie vorbrachte, formulierte er seine Einstellung zu Newton wie folgt: «Newtons Mechanik gründet sich wie Euklids Geometrie auf unsere normale Intuition und ist deshalb im üblichen Sinne des Wortes verständlich, so wie Euklid verständlich ist.» Es verhält sich in der Tat so, wie Carrolls Ausrufer gesagt hat. Doch unvoreingenommen betrachtet, ist die Vorstellung einer solchen Fernwirkung schrecklich unbefriedigend. Würde sie tatsächlich intuitiv einleuchten, hätte man sie sicherlich nicht erst zweitausend Jahre nach Euklid entwickelt.

Trägheit ist eine andere menschliche Schwäche. Rund achtzig Jahre sind vergangen, seit Einstein die Newtonsche Fernwirkung durch eine bessere Beschreibung ersetzt hat, aber da Einsteins Theorie so schwer zu verstehen ist, hören wir nur selten von ihr. Die alten Wendungen sind so viel leichter zu wiederholen, daß man die allgemeine Relativitätstheorie lieber den Fachleuten überläßt. Zwar haben viele Menschen, unter ihnen auch Einstein selbst, versucht, sie allgemeinverständlich zu erklären, doch hat sich dadurch nichts daran geändert, daß Newtons Auffassung auch heute noch die vorherrschende ist.

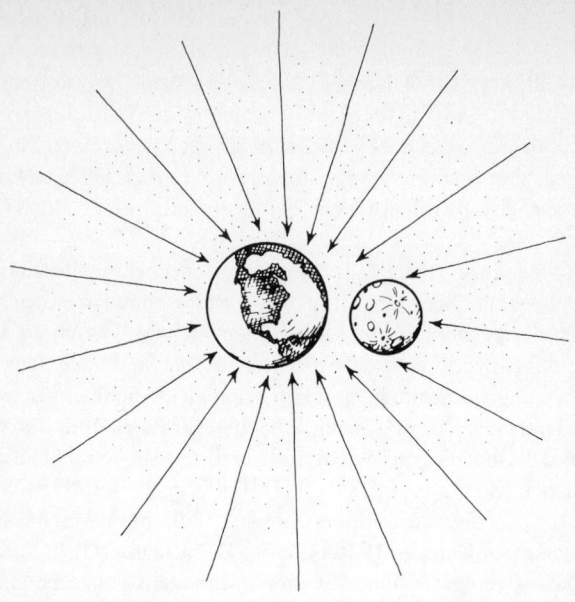

Die Mathematik, die Sprache, in der Einsteins Theorie niedergelegt ist, fällt den meisten Menschen schwer, selbst wenn sie sonst keine sprachlichen Probleme haben. Um die mathematischen Beziehungen anschaulicher zu machen, sucht man daher Analogien zu vertrauten Umständen, aber solche Bilder bleiben notwendigerweise immer unvollkommen. Die berühmteste Vorhersage der allgemeinen Relativitätstheorie, eine Vorhersage, die sich durch Analogien leicht veranschaulichen läßt, betrifft die Ablenkung des Sternenlichts durch die Krümmung des Raums. Normalerweise erreicht Sternenlicht die Erde in einer geraden Linie. Nun sagte Einsteins Theorie aber vorher, daß ein Strahl Sternenlicht, der dicht an der Sonne vorbeikomme, ein wenig gekrümmt werde und dadurch dem Beobachter auf der Erde den täuschenden Eindruck vermittle, die Position des Sterns habe sich verschoben. Da die Sonne alles überstrahlt, sind Sterne, die fast hinter ihr stehen – so daß ihr Licht auf dem Weg zur Erde dicht an der Sonne vorbeimuß –, normalerweise überhaupt nicht zu sehen, es sei denn, sie wird durch eine Totalfinsternis verdunkelt. Bei der ersten sich bietenden Gelegenheit nach Einsteins Vorhersage suchten die Astronomen nach diesem Effekt und konnten ihn bestätigen. Die Ablenkung findet statt, weil der Raum in der Nachbarschaft der Sonne gekrümmt ist.

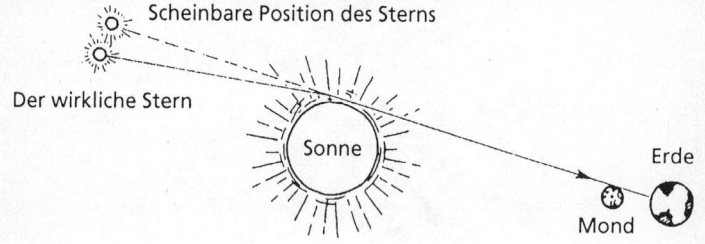

Einstein selbst hat sich in einem Buch, das er zusammen mit Leopold Infeld verfaßt hat – *Die Evolution der Physik* –, einer Analogie bedient, um zu erklären, was unter gekrümmtem Raum zu verstehen ist: «Denken wir uns eine idealisierte amerikanische Stadt mit parallelen Hauptstraßen und rechtwinklig dazu verlaufenden, ebenfalls parallelen Nebenstraßen. Alle Haupt- und Nebenstraßen sind in regelmäßigen Abständen angeordnet. Unter dieser Voraussetzung müssen alle Häuserblocks genau gleich groß sein, und ich kann somit ohne weiteres die Lage jedes beliebigen Blocks angeben.» Diesem Bild entspricht der gewöhnliche oder euklidische Raum. Die Autos folgen geraden Linien, die durch Haupt- und Nebenstraßen vorgegeben sind. Stellen wir uns nun vor, eine unterirdische Verwerfung lasse mitten in der Stadt einen Hügel aufwachsen, der die Straßen und Häuser anhebt. Der Raum, der durch das Gitter der Straßen dargestellt wird, ist jetzt gekrümmt oder nichteuklidisch. Noch immer folgen die Autos den Haupt- und Nebenstraßen, doch sobald sich eines zufällig auf einer Fahrbahn bewegt, die nahe am Hügel vorbeiführt, wird sein Weg ein bißchen durch die Wölbung am Fuße des Hügels gekrümmt. Auf die gleiche Weise bewirkt die Sonne eine Krümmung des Raums und eine Ablenkung des Sternenlichts.

Die Ablenkung des Sternenlichts und die Raumkrümmung waren in aller Munde, als im September 1919 die experimentelle Bestätigung der Einsteinschen Vorhersage bekanntgegeben wurde. Ein Zeitgenosse schwärmte später: «Tiefes Staunen ergriff uns alle… Der bloße Ge-

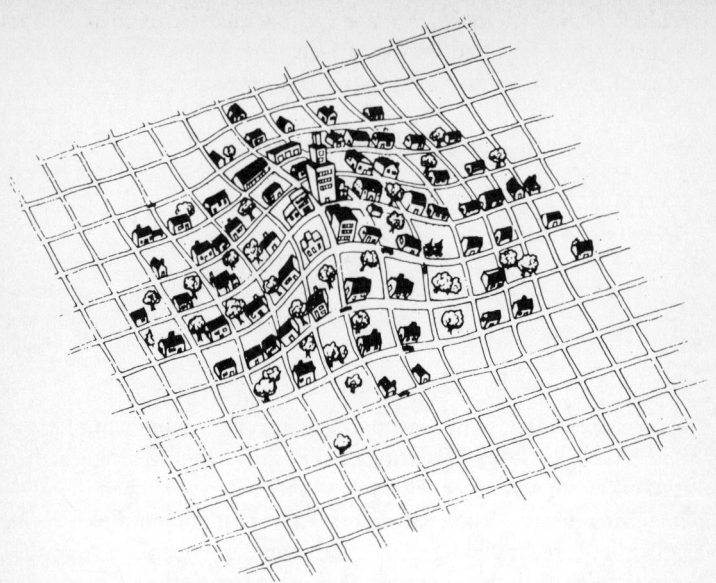

danke, daß da ein Kopernikus in unserer Mitte weilte, beflügelte unsere Empfindungen. Jeder, der ihm Bewunderung zollte, hatte das Gefühl, über Raum und Zeit zu schweben.» Bezeichnenderweise wird hier das Wort *Schwerkraft* oder *Gravitation* nicht erwähnt, obwohl die allgemeine Relativitätstheorie eine Gravitationstheorie ist. Dieses Versäumnis ist verständlich, denn die Raumkrümmung ist ein Element der Theorie, das sich leicht in ein Bild umsetzen läßt, weil es den realen dreidimensionalen Raum betrifft. Sie rührt jedoch nicht an die wahre Ursache der Schwerkraft. Dazu müssen wir tiefer graben und andere Analogien ersinnen, Vorstellungen, die immer verschwommener werden. Das folgende sprachliche Bild biete ich mit einer gewissen Zurückhaltung an, weil mir klar ist, wie unzulänglich es ist.

Betrachten wir einen Stein im All. Von der Größe einer Faust, hart und kalt, treibt er durch den Weltraum. (Zwar ist sein Erscheinungsbild ohne die geringste Bedeutung, aber wir haben ihn vielleicht etwas deutlicher vor Augen, wenn wir ihn uns glatt und glänzend, aus geschliffenem Marmor, mit zarten Adern im blassen Gestein vorstellen.)

40

Weit entfernt sind Erde, Mond, Sonne, Sterne und Galaxien, so weit, daß ihre auf den Stein einwirkenden Gravitationskräfte viel zu schwach sind, um selbst von den empfindlichsten Instrumenten registriert werden zu können. Nur das Licht ferner Sterne, das die durchlässige Schwärze unterbricht, sorgt für eine Verbindung zwischen dem Stein und dem Rest des Universums. Die Sterne bilden einen gemusterten Hintergrund, so etwas wie einen riesigen Käfig für den Stein. Dieser Sternenkäfig ist notwendig und läßt sich nicht fortdenken, weil der Stein real und im realen Universum existiert. Ein Universum, das aus einem Stein und sonst nichts besteht, ist unvorstellbar.

Es gibt keine Bewegung. Die Sterne sind in einer so großen Distanz, daß sie offenbar stillstehen, wie ein Schiff in der Ferne, das, obwohl es mit voller Kraft davonstrebt, ein ruhender Punkt am Horizont zu sein scheint. Kein Geräusch ist zu vernehmen. Weit fort sind die riesigen Gas- und Staubwolken, die sich in der Umgebung von Sternen bilden und die Spiralarme der Galaxien füllen. Die Sterne funkeln nicht, weil es keine Luft gibt, die ihre stetigen Lichtstrahlen brechen oder beugen könnte. Es vollzieht sich keine Veränderung mehr.

Der Stein ist sehr ruhig, kommt nicht ins Wanken, Trudeln oder Rollen, braucht weder eine Stütze noch einen Anker. Auf seiner glänzenden Oberfläche verändern die Spiegelbilder der Sterne ihre Position nicht um eine Haaresbreite. (Die Sterne sorgen für den notwendigen Hintergrund. Ohne sie ließe sich die Ruhe des Steins nicht definieren. In einem Universum ohne ein solches Bezugssystem wären Wörter wie «Wanken», «Trudeln» und «Rollen» sinnlos.)

Ob sich der Stein in Ruhe befindet oder stetig in gerader Linie fortbewegt, läßt sich beim besten Willen nicht unterscheiden. In der unmittelbaren Nähe gibt es nämlich keine Objekte, die sich als Bezugspunkte verwenden ließen, um seine Fortbewegung zu messen; die Sterne stehen zu fern, um als Orientierungshilfe dienen zu können. In diesem Punkt beging Newton einen Fehler. In seinem geistigen Bezugssystem, das er «absoluten Raum» nannte, hätte er den solitären Stein tatsächlich in Ruhe gewähnt. Dieses System «bleibt vermöge seiner Natur und ohne Beziehung auf einen äußern Gegenstand stets gleich und unbeweglich», wie ein riesiges imaginäres Gerüst. Die Position des Steins würde anhand der festliegenden Achsen des absoluten Raums gemessen werden. In den *Principia* rechtfertigte Newton sein Konzept:

Zeit, Raum, Ort und Bewegung als allen bekannt, erkläre ich nicht. Ich bemerke nur, daß man gewöhnlich diese Größen nicht anders als in bezug auf die Sinne auffaßt und so gewisse Vorurtheile entstehen, zu deren Aufhebung man sie passend in absolute und relative, wahre und scheinbare, mathematische und gewöhnliche unterscheidet.

Auf diese Weise führte er die Vorstellung eines festliegenden Raums ein, der keine Objekte braucht, um Realität hervorzubringen. Mehr als zwei Jahrhunderte beherrschte Newtons erhabener Entwurf die Physik, bis Einstein das Gerüst zum Einsturz brachte und eben jene vermeintlichen Vorurteile wieder einführte, die sein Vorgänger hatte beseitigen wollen. Was für Newton ein Vorurteil war, war für Einstein die Wahrheit. Seiner Meinung nach läßt sich Bewegung immer nur in Beziehung zu wahrnehmbaren Objekten denken. Ohne sie wird sie sinnlos. Um diesen Gemeinplatz zu verdeutlichen, beschreibt Einstein zu Beginn seines ersten wissenschaftlichen Artikels über die Relativitätstheorie einen ganz gewöhnlichen Bahnhof, auf dem ein Schaffner die Ankunftszeit eines Zuges ermittelt, indem er die Position seiner Lokomotive mit der Position der Zeiger auf seiner Uhr vergleicht. Für Einstein ist Bewegung eher alltäglich, scheinbar und relativ als mathematisch, wahr und absolut.

Betrachten wir nun wieder den Stein in der öden Stille des Alls. Nichts geschieht, nichts verändert sich, nichts bewegt sich. Um diese Monotonie zu beenden, müssen wir dem Bild ein weiteres Element hinzufügen. Lassen wir also in der Nähe, sagen wir, zehntausend Kilometer entfernt, die Erde erscheinen: rund, glatt, mit dünnen weißen Wolkenschleiern über einer blau marmorierten Oberfläche, das Bild, das uns das Raumfahrtzeitalter von unserem Heimatplaneten vermittelt. In Relation zu dem neuen Nachbarn läßt sich die wahre Bewegung des Steins bestimmen. Mit dem Zentrum der Erde steht uns jetzt ein Orientierungspunkt zur Verfügung, der die Position des Steins festlegt, zehntausend Kilometer entfernt und bewegungslos.

Doch die Bewegungslosigkeit ist nur vorübergehend. Zunächst unmerklich, dann immer schneller beginnt sich der Stein auf die Erde zuzubewegen. Genauer, er fällt auf den Mittelpunkt der Erde zu, da die Schwerkraft auf ihn einwirkt. Von der allgemeinen Relativitätstheorie erhalten wir ein Bild dessen, was da geschieht.

In Einsteins Theorie wird die Schwerkraft auf ein anderes Konzept bezogen, das bisher nicht erwähnt wurde und scheinbar von ganz anderer Natur ist: das der Zeit. Daß in diesem Zusammenhang die Zeit berücksichtigt werden muß, hat wohl niemand so nachdrücklich betont wie Hermann Minkowski, der 1908 das Zeitalter der Relativität mit dem überschwenglichen Vorwort zu seiner Vorlesung über Raum und Zeit einleitete:

> Die Anschauungen über Raum und Zeit, die ich Ihnen entwickeln möchte, sind auf experimentell-physikalischem Boden erwachsen. Darin liegt ihre Stärke. Ihre Tendenz ist eine radikale. Von Stund' an sollen Raum für sich und Zeit für sich völlig zu Schatten herabsinken, und nur noch eine Art Union der beiden soll Selbständigkeit bewahren.

Die Vereinigung heißt Raumzeit und ersetzt Newtons absoluten Raum als Bühne für physikalische Phänomene und somit auch für den Fall unseres Steins durch die Leere. Die Raumzeit ist von unserem alltäglichen intuitiven Verständnis viel weiter entfernt als der absolute oder selbst der gekrümmte Raum. Wir müssen uns auf unvollkommene Vergleiche beschränken.

Betrachten wir noch einmal den Stein ohne die Erde. Nichts scheint sich zu verändern, doch im Hintergrund entfaltet sich jetzt ein stiller, undramatischer Prozeß – die Zeit verstreicht. Anders als der Raum, der sich oben und unten, rechts und links, nach vorn und rückwärts erstreckt, fließt die Zeit unablässig nur in eine Richtung. Um ihren Fluß zu messen, wollen wir jetzt eine Uhr auf dem Stein auftauchen lassen. Bedeutung erhält das Wort *Zeit* dadurch, daß wir die an den Stein gekettete Uhr lesen.

Die vollständige Vereinigung von Raum und Zeit ist unvorstellbar. Allenfalls können wir uns die Zeit als eine Art Raum ausmalen. Dann sind wir in der Lage, die Geschichte des Steins in einer entlehnten Sprache zu beschreiben: Der Stein bewegt sich durch die Zeit. Diese Wendung, die durch überreichlichen Gebrauch in der Science-fiction-Literatur schon fast sinnentleert ist, bedarf näherer Erläuterungen. Zur konkreten Veranschaulichung können wir ein Raum-Zeit-Diagramm konstruieren. Die Position (in einer Dimension) wird auf einer Achse abgetragen, die Zeit auf der anderen. Wenn ein Punkt auf der Kurve einem realen Objekt entspricht, etwa dem Stein im All, dann wird er sich mit verstreichender Zeit entlang der Kurve bewegen. Aufeinander-folgende Augenblicke und Positionen werden durch aufeinanderfolgende Punkte auf der Kurve dargestellt. Wenn wir also die Zeit in eine Position entlang einer Achse übersetzen, wie es täglich in den Diagrammen im Wirtschaftsteil der Zeitungen geschieht, läßt sich die Bewegung in der Zeit in ganz gewöhnliche räumliche Bewegung übersetzen.

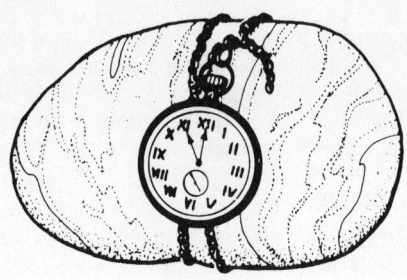

Der Fluß der Zeit wird durch den Fluß eines imaginären Mediums dargestellt: «Die Zeit ist ein Fluß aus allem, was geschieht, ja ein wilder Strom», schrieb Mark Aurel. In der Ödnis des leeren Raums schwebt der Stein (der seine Uhr mit sich führt) in der ungeheuren, stummen Strömung einer klaren, flüchtigen Flüssigkeit, die in jede Pore des Universums dringt und alles, was sich in ihm befindet, mit sich reißt. Diese Strömung ist die Zeit. Ihre Bewegung läßt sich nicht aufhalten und ihre Tiefe nicht ergründen – weil sie nicht real ist. Im Gegensatz zu einem wirklichen Fluß im wirklichen Raum existiert dieser Strom in der vier-dimensionalen Raumzeit. Der Stein hat wie ein Holzspan auf dem Wasser keine Eigenbewegung; er wird – wohin auch immer – vom imaginären Zeitfluß getragen.

Schließlich taucht – in unserer Vorstellung – die Erde abermals auf, zehntausend Kilometer entfernt. Auf dem Fluß der Zeit treiben Stein und Erde beide dahin. Zunächst scheinen sie sich parallel zu bewegen, das heißt, ihren Abstand unverändert zu bewahren. Doch schon bald zeigt sich, daß sich die Strömungslinien langsam auf die Erde zukrümmen. Die Strömung, durch die Gegenwart der riesigen Erdmasse verändert, trägt den Stein näher und näher an seinen Nachbarn heran. In größerer Entfernung ist die Krümmung der Strömungslinie kaum zu bemerken, aber in Erdnähe prägt sie sich wesentlich deutlicher aus. An der Erdoberfläche wird die Strömung dann schließlich völlig aus ihrer ursprünglichen Richtung gebracht.

Dieses Bild der gekrümmten Raumzeit ist die Crux der Einsteinschen Gravitationstheorie. Es ist anders und schwieriger zu erfassen als die Vorstellung des gekrümmten Raums. Wenn wir den Stein loslassen, befindet er sich nicht in einer geheimnisvollen Umklammerung der Erde, die über eine Entfernung von zehntausend Kilometern wirkt, sondern überläßt sich der sanften Umarmung des Zeitflusses, der ihn umfängt und still mit sich fortträgt.

So kehren wir wieder zu der harmonischen griechischen Auffassung vom Fallen als einer natürlichen Bewegung zurück. Im Vorstellungsrahmen der Newtonschen Physik tut die Erde der natürlichen Neigung des Steins Gewalt an, das heißt seinem Bestreben, dort zu bleiben, wo er sich ursprünglich befindet. Um die Trägheit des Steins zu überwinden, ist eine Kraft erforderlich. In Einsteins Universum macht der Stein das, was ihm am natürlichsten ist: Er treibt, den Krümmungen der Raumzeit folgend, zur Erde. Bezogen auf das imaginäre Wasser des Zeitflusses, bleibt der Stein einfach dort, wo er von Anfang an war.

Statt direkt an weit entfernten Objekten zu zerren, wird die Schwerkraft also durch die Raumzeit vermittelt. Die Erde wirkt auf die Strömungslinien ein, und diese lenken ihrerseits den Stein. Ursache und Wirkung sind dabei direkt benachbart. Jeder Punkt beeinflußt jeweils nur die ihn umgebenden Punkte; und diese geben ihrerseits die Wirkung in Strömungsrichtung weiter.

Einstein, der seine Theorie nicht in Worten, sondern in Gleichungen formulierte, entlockte diesen eine Reihe klarer experimenteller Vorhersagen. Die zwingendste lieferte ihm von Anfang an die Beweggründe. Galilei hatte beobachtet, daß unterschiedliche Massen mit gleicher Geschwindigkeit fallen. (Kleine Unterschiede kann der Luftwiderstand hervorrufen, aber nehmen wir an, es gibt keine Luft, und konzentrieren uns statt dessen auf die Schwerkraft selbst.) Da die Gravitation auf größere Massen offenkundig stärker einwirkt (das heißt, sie sind schwerer), ist diese Beobachtung kaum zu verstehen. Warum fallen schwerere Dinge nicht schneller, wie es Aristoteles gelehrt hat? Laut Newton hat die Natur hier eine listige Verschwörung angezettelt: Zwar wirkt auf den Stein mehr Schwerkraft ein, doch ist seine Trägheit exakt so viel größer, daß er genau so viel mühsamer von der Stelle zu bewegen ist; deshalb fallen die beiden Steine am Ende gleich schnell. Wenn diese Theorie auch die Fakten erklärt, so ist sie doch künstlich zurechtgebogen worden, um die richtige Antwort zu liefern. Wieviel einfacher ist im Vergleich dazu die gekrümmte Raumzeit! Legen wir in den Zeitstrom dicht neben dem ersten Stein einen zweiten, zehnmal so schwer wie der erste. Die beiden werden mit exakt der gleichen Geschwindigkeit voran- und auf die Erde zutreiben, weil die Strömung beide zugleich trägt. Nicht anders wird es einer Feder, einem Klavier oder einem Sandkorn ergehen. Die Aussage, daß alle Objekte gleich schnell fallen, fügt sich so mühelos in den Kontext der Raumzeitkrümmung, daß das Unverständliche offenkundig und das Verworrene einleuchtend wird.

Eine andere Vorhersage der Theorie, die sich schwerer in Worte fassen läßt, war Einsteins Erklärung einer winzigen Unregelmäßigkeit in der Bewegung des Planeten Merkur, mit der sich die Astronomen seit der Mitte des neunzehnten Jahrhunderts vergeblich herumschlugen. Malen wir uns aus, wie der Planet die Sonne ellipsenförmig umrundet, während beide den Strom der Zeit hinabgleiten. Da die Strömungslinien durch die Masse der Sonne gekrümmt werden, ist die Bahn keine vollkommene Ellipse. Die Abweichung ist aber nur geringfügig, denn Merkur bleibt zur Oberfläche der Sonne, auf der die Krümmung extrem wird, durchgehend in großer Distanz.

Die Ablenkung des Sternenlichts, die stets gleichbleibende Fallgeschwindigkeit, die Merkurbewegung und andere Vorhersagen der Einsteinschen Theorie, die sich mit Newtons Theorie nicht erzielen lassen, haben die Fernwirkung auf immer in die historische Kuriositätensammlung verbannt. Dennoch gibt es keine endgültige Antwort. Der neue Entwurf läßt zum Beispiel eine Erklärung dafür vermissen, warum eine Masse, wie sie die Erde oder die Sonne besitzt, die Strömungslinien verzerrt. Sobald wir die Tatsache akzeptieren, daß sie gekrümmt sind, läßt sich auch die Bewegung eines jeden Körpers leicht verstehen. Doch warum krümmen Massen die Raumzeit überhaupt? Darauf konnte Einstein nur eine Antwort geben, über die er selbst nicht sehr glücklich war. In seinen Gleichungen tritt die Krümmung der Raumzeit auf der linken Seite auf, während die Masse der Erde oder Sonne, die dafür verantwortlich ist, rechts steht. Die linke Seite hat er einmal mit einem Marmorpalast verglichen, während er die rechte Seite als schäbigen hölzernen Anbau bezeichnet hat. Die Aufgabe, ihn neu zu gestalten, hat er künftigen Generationen überlassen.

Der gekrümmte Raum und die gekrümmte Raumzeit sind schwierige Konzepte – aber sie sind besser als die Fernwirkung. Wir können Albert Einstein keinen größeren Tribut zollen, als von der starren, kalten und mystischen Auffassung Newtons abzurücken und uns seine, Einsteins, freundlichere, anheimelndere Denkweise zu eigen zu machen. Versuchen Sie es! Stellen Sie sich einen Stein in Ihrer Hand vor. Sie lassen ihn fallen. Nun malen Sie sich aus, wie er still und rasch vom Zeitfluß mitgeführt wird, der genau an dieser Stelle eine kleine, auf den Boden gerichtete Krümmung aufweist. Der Stein folgt der Strömungslinie der Raumzeit, wie ein Zweig der Strömung eines Baches folgt. Was könnte natürlicher sein?

Der Regenbogen

1820 schrieb John Keats:

Do not all charms fly
At the mere touch of cold philosophy?
There was an awful rainbow once in heaven:
We know her woof, her texture; she is given
In the dull catalogue of common things.
Philosophy will clip an angel's wings,
Conquer all mysteries by rule and line,
Empty the haunted air, the gnomed mine –
*Unweave a rainbow.**

Das Wort *awful* (ehrfurchtgebietend) klingt in heutiger Zeit seltsam, und doch ist es hier der einzig angebrachte Ausdruck. Wörtlich genommen schwingt in ihm eine Fülle von Bedeutungen mit: eindrucksvoll-feierlich, erhaben-majestätisch, respektheischend und verehrungswürdig. Mit seiner Größe, der komplizierten Harmonie seiner Form und Farben, seiner charakteristischen Flüchtigkeit und Seltenheit ruft der Regenbogen Bewunderung und Staunen hervor.

---

*   Muß jeder Reiz nicht enden,
    Rührt dran Philosophie mit kalten Händen?
    Einst stand am Himmel stolz der Regenbogen.
    Jetzt kennen wir dies Webstück. Katalogen
    Fiel er anheim mit ganz gemeinen Dingen.
    Philosophie stutzt selbst der Engel Schwingen.
    Mysterien rechnet sie in Regeln aus,
    Macht geisterleer die Luft, der Gnomen Haus,
    Daß Lamia zu leeren Schatten sinkt.
  (John Keats, «Lamia», in *Leben und Werke*, Zweiter Teil, Niemeyer, Halle 1897, S. 153)

In der klassischen Mythologie war der Regenbogen Gegenstand der Ehrfurcht. Als Keats ihn in weiblicher Form beschwor, obwohl er einen Streifen Tuch als Metapher gewählt hatte, dachte er sicherlich an Iris, die griechische Göttin des Regenbogens. Nach ihr sind der farbige Teil des Auges und das Metall Iridium benannt, und wenn etwas in vielen Farben schillert, bezeichnen wir es als irisierend. Manchmal ist Iris die Personifizierung des Regenbogens selbst, und manchmal benutzt sie ihn nur als Brücke über den Himmel. Auf jeden Fall ist sie eine Botin, eine anmutige junge Frau mit Flügeln und einem Heroldsstab, die auf kleinen Botengängen für die Götter durch die *Ilias* und später die *Äneis* eilt. Für die Menschen bedeutete ihr Erscheinen Unruhe und Unglück. Iris, der Regenbogen, war für die Griechen ein Vorzeichen von Krieg und Sturm. Sie erfüllt die Herzen der Menschen mit Schrecken, ist aber zugleich von einer Aura des Geheimnisses umgeben. Sie ist die Tochter des Thaumas, des Wundergottes; durch ihn ist sie mit der Welt der Magie und Wundertätigkeit verbunden.

Eine andere Art von Ehrfurcht, der Verehrung verwandter als dem Schrecken, flößt der Regenbogen in der Bibel ein. In der Genesis sagt Gott zu Noah: «Das ist das Zeichen des Bundes, den ich geschlossen habe zwischen mir und euch und allem lebendigen Getier bei euch auf ewig: Meinen Bogen habe ich in die Wolken gesetzt, der soll das Zeichen sein des Bundes zwischen mir und der Erde.» Später im Alten Testament ist der Regenbogen nicht mehr nur ein Zeichen des Bundes, sondern wird zu einem Attribut Gottes. So heißt es bei Hesekiel: «Wie der Regenbogen steht in den Wolken, wenn es geregnet hat, so glänzte es ringsumher. So war die Herrlichkeit des Herrn anzusehen.» Im Buch Jesus Sirach zählt der Regenbogen zu den Wundern der Schöpfung: «Er zieht am Himmel einen glänzenden Bogen; die Hand des Höchsten hat ihn gespannt.» Und im Neuen Testament, in der Offenbarung des Johannes, dient er als Schmuck für Gottes Thron: «...und ein Regenbogen war um den Thron, anzusehen wie ein Smaragd.»

Die Vergangenheit in Keats' Wendung *there was an awful rainbow once* ist voreilig und wird es immer bleiben. Der Regenbogen wird den Charakter des Zauberhaften und Wunderbaren stets behalten. Mögen auch die Empfindungen, mit denen ihn ein Dichter, Maler, Fotograf, Meteorologe, Psychologe und Physiker betrachtet, unterschiedlich sein, eine Spur von *awe* (Ehrfurcht) wird sich immer in die Betrachtung mischen. *Woof* und *texture* (Webart und Beschaffenheit) waren 1820 keineswegs vollständig bekannt; sie sind es auch heute noch nicht ganz. Gewiß, wir haben große Fortschritte gemacht, aber die Wissenschaft ist eine unendliche Regression – hinter jeder Antwort kommt eine Frage zum Vorschein, hinter der wieder eine andere lauert. Die Geschichte der physikalischen Beschäftigung mit dem Regenbogen ist, wie die jeder wissenschaftlichen Erkenntnis, ein kontinuierlicher Entfaltungsprozeß. Einige Dinge wissen wir über die Natur des Regenbogens, aber wir werden niemals alle enträtseln.

Den Regenbogen zu verstehen, und wenn auch nur begrenzt, heißt, ihn auf Ursachen zurückzuführen, die sich im Labor untersuchen und mathematisch erfassen lassen. Insofern ist es richtig, daß Theorien über den Regenbogen dem Katalog der «gemeinen» Dinge angehören: Sie bestehen aus Abschnitten in Lehrbüchern und Gleichungen in wissenschaftlichen Zeitschriften. Doch ob sie langweilig oder wunderbar sind, hängt vom Auge des Betrachters ab. Der verstorbene Richard Feynman, ein Physiker von wunderbar unabhängiger Denkungsart, hat darauf verwiesen, daß Jupiter, wie heute bekannt, lediglich eine große wirbelnde Masse aus Methan und Ammoniak ist, zwei gewöhnlichen, sogar schädlichen Substanzen. Hindert uns dieses Wissen daran, den Jupiter mit ganz anderen Empfindungen als der des wissenschaftlichen Interesses zu betrachten? Oder sind nicht vielmehr die Fotografien, die uns die Sonde *Mariner* von dem Planeten übermittelt hat – sie haben so viel Ähnlichkeit mit den Bildern von Georgia O'Keeffe und sind doch das Werk von Computerwissenschaftlern und Ingenieuren –, zu den Schönheiten und Wundern unserer Welt zu zählen?

Die von Keats als kalt abqualifizierte Philosophie ist die Naturphilosophie, heute als Naturwissenschaft bezeichnet. *Rule* und *line* («Lineal» und «Linie»), mit denen sie früher die Geheimnisse der Natur ergründet hat, sind heute obsolet geworden. Bis zum Ende des neunzehnten Jahrhunderts war die euklidische Geometrie für Physiker das wichtigste mathematische Teilgebiet, heute aber reicht sie nicht mehr aus. Relativitätstheorie und Quantenmechanik haben das Lineal gekrümmt und die Linie aufgelöst. Selbst als ihre Geltung noch unangefochten war, gelang es mit Hilfe von Lineal und Linie nicht, alle Geheimnisse zu ergründen, und auch in ihrer heutigen Verfassung werfen sie mehr Probleme auf, als sie lösen können. Trotzdem setzen die Physiker jenes Bemühen fort, das die Philosophen vor zweitausend Jahren begannen, und versuchen, das Webmuster des Regenbogens zu entflechten. Mit einem klaren Nein beantworten sie Keats' Frage und lassen sich auch von seinem Vorwurf, himmlische Wesen zu verstümmeln, nicht beeindrucken. Vielmehr beflügeln sie Empfindungen, wie Wordsworth sie achtzehn Jahre zuvor zum Ausdruck brachte:

> My heart leaps up when I behold
> a rainbow in the sky:
> So it was when life began;
> So it is now I am a man;
> So be it when I shall grow old.
> Or let me die!

Zu einem ehrfurchtgebietenden Phänomen wird der Regenbogen durch seine Seltenheit, sein plötzliches Auftreten und ebenso plötzliches Verschwinden, seine enorme Größe und seinen blendenden Glanz. Wie eine riesige Geistererscheinung kommt und geht er ohne Vorankündigung. Wenn Sonne und Regen gemeinsam am Himmel sind, *kann* der Regenbogen auftreten. Bricht die Sonne nach einem Regenschauer durch die Wolken, müssen Sie rasch in die entgegengesetzte Richtung blicken, denn dort erscheint der Regenbogen. Er ist vollkommen kreisförmig, doch wenn man ihn nicht von einem Flugzeug aus betrachtet, bleibt ein Teil des Kreises hinter dem Horizont verborgen. Die Sonne, der Kopf des Beobachters und der Mittelpunkt des Kreises bilden eine Gerade, die schräg in den Boden verläuft. Häufig reicht der Bogen halb hinauf zum Zenit, während seine Enden in einem Winkel von fast neunzig Grad zueinander liegen. Der Regenbogen selbst, ein leuchtendes Farbband vor dem Regenhimmel, ist mehr als viermal so breit wie der Vollmond. Am strahlendsten ist das Rot, das stets am oberen Rand liegt. Mit abnehmender Helligkeit folgen Orange, Gelb, Grün, Blau und Violett, sanft ineinander übergehend und nicht immer klar zu unterscheiden. (Isaac Newton vertrat die Auffassung, zwischen Blau und Violett sei Indigo als eigenständige Farbe eingeschoben. Später, im neunzehnten Jahrhundert, vergnügten sich Physiker damit, Tausende getrennte Schattierungen im Farbkontinuum zu zählen.) Manchmal zeigt sich weiter oben am Himmel ein zweiter Regenbogen, stets mit umgekehrter Farbenfolge. Auf sehr guten Fotografien ist zu erkennen, daß der Raum zwischen den beiden Regenbogen deutlich dunkler als der Rest des Himmels ist. Diese Region bezeichnet man – nach ihrem Entdecker Alexander von Aphrodisias – als Alexandersches dunkles Band.

Nicht alle diese Feinheiten sind uns heute noch vertraut, vor allem nicht den Stadtbewohnern, für die der Himmel eher einer schmutzigen Decke gleicht als dem kristallklaren Hintergrund für atmosphärische Phänomene, der er für die Griechen war. Doch selbst die einfachsten Fakten führen, wenn man sie scharfsinnig analysiert, zu verblüffenden Schlußfolgerungen. Nehmen wir die folgende Überlegung: Der Regenbogen ist immer rund, folglich ist er nicht stofflicher Natur. Denn wäre der Regenbogen ein greifbares Objekt am Himmel, etwa ein bemalter hölzerner Bogen zwischen den Wolken, böte er unterschiedliche Anblicke. Von vorn sähe er aus, wie wir es gewohnt sind, doch aus einem anderen Winkel betrachtet wäre er oval wie der Bogen von McDonald's, und von der Seite betrachtet hätte er eine Öffnung so schmal wie eine Haarnadel. Tatsächlich aber verkürzt sich das Bild, das uns der Regenbogen bietet, nie zu einer elliptischen Form. Immer bildet er einen vollkommenen Halbkreis, als würde er von jedem Beobachter direkt von vorn gesehen. Jeder Betrachter sieht exakt das gleiche Bild, woraus folgt, daß es nicht nur einen Regenbogen gibt, sondern viele, genauer: einen für jeden Beobachter. Was wir sehen, ist kein Gegenstand, sondern ein Bild im Auge, eine persönliche Täuschung, die sich mit dem Beobachter bewegt, ohne ihre Form zu verändern. Eine Kamera funktioniert wie ein Auge, sie hält auf dem Film fest, was das Auge auf die Netzhaut projiziert; folglich ist eine Fotografie kein Beweis für Objektivität. Da der Regenbogen kein realer Gegenstand am Himmel ist, können wir seiner nicht habhaft werden oder an seine Enden gelangen. Er vermag nur deswegen mit so erstaunlicher Geschwindigkeit aufzutauchen und zu verschwinden, weil er nicht materiell ist. Ein materielles Objekt wie eine Wolke braucht einige Zeit, um die riesige Entfernung zurückzulegen, die ein Regenbogen umspannt, während ein Bild augenblicklich auftauchen kann. Da der Regenbogen nicht materiell ist, hat er kein normales Spiegelbild in Seen und Pfützen. Der Regenbogen ist ein Phantom, das in der Luft spukt. (Er ist ein echtes Gespenst im Sinne des englischen *spectre*, abgeleitet vom lateinischen *spectrum*, aus dem wiederum die Wörter *Spektrum* und *spektral* hervorgegangen sind, Begriffe, die sich auf die Zerlegung des Lichts in die Farben des Regenbogens beziehen.) Da er nicht materiell ist, kann sich an seiner vollkommenen Symmetrie auch nie etwas ändern.

Die kreisförmige Symmetrie des Regenbogens war von großem Reiz für die griechischen Philosophen, nach deren Auffassung Astronomie und Geometrie von vollkommenen Kreisen beherrscht wurden. Da der Regenbogen offenkundig kein astronomisches Phänomen ist, muß seine Kreisform geometrischen Ursprungs sein. «Gott verfährt stets nach geometrischen Gesetzen», lautete das Motto der platonischen Akademie. Aristoteles' Theorie des Regenbogens, der zufolge dieser eine Art Reflexion des Sonnenlichts durch eine Wolke ist, bleibt unklar und seltsam, doch sein Beweis der Form ist richtig und unverändert gültig. Danach garantiert nur ein Kreis, daß die geometrische Beziehung zwischen der Sonne, dem Beobachter und einem beliebigen Punkt auf dem Regenbogen exakt die gleiche für *jeden* Punkt auf dem Bogen bleibt.

Dieser aristotelische Gedankengang ist insofern typisch, als sich Naturforscher häufig inmitten von Unklarheit und Unwissenheit auf die Symmetrie berufen und so Teilantworten von großer Überzeugungskraft finden. Ein geschwollener Knöchel läßt sich durch Vergleich mit seinem Gegenstück ermitteln, ohne daß dazu die geringsten Kenntnisse in Anatomie oder Medizin vonnöten sind. In einem unbekannten Gebäude kann man mit Hilfe der Symmetrie die Herrentoilette leicht finden, sobald man auf die Damentoilette gestoßen ist. Dank der Symmetrie konnte Archimedes die Auffassung vertreten, gleiche Gewichte hielten bei gleichen Abständen vom Hebeldrehpunkt eine Waage im Gleichgewicht, noch bevor man den allgemeinen Sachverhalt ungleicher Gewichte verstanden hatte. Auf dieselbe Weise war es Aristoteles möglich, richtige Schlüsse über die Form des Regenbogens zu ziehen, während er sich gleichzeitig hinsichtlich seiner Ursache irrte.

Die Ursache des Regenbogens mußte auf ihre Erklärung warten, bis jener kühne Philosoph kam, der das Gespenst aus dem Himmel auf die Erde holte. Galilei untersuchte die Bewegungen der Himmelskörper mit Hilfe einer rollenden Murmel in seinem Arbeitszimmer; Newton wandte die Himmelsgravitation auf einen Apfel in seinem Garten an; Franklin reduzierte den Blitz im Himmel auf Funken in seinem Wohnzimmer. Bei allen dreien waren ganz andere Beweggründe im Spiel als bei Platon, der erklärte, die Astronomie zwinge die Seele emporzublikken und entführe uns in eine andere Welt. Sie trotzten dem Firmament und wurden unsterblich, weil sie die Wissenschaft auf die Erde brachten. Doch der Mann, der den Regenbogen ins Labor geholt hat, ist heute fast vergessen, weil er drei Jahrhunderte zu früh lebte. Sein Name war Theoderich von Freiberg, und sein Wirken fiel in die zweite Hälfte des dreizehnten Jahrhunderts.

Um Theoderichs Leistung richtig würdigen zu können, müssen wir uns ins Gedächtnis rufen, daß das dreizehnte Jahrhundert das Zeitalter der Scholastiker war. Thomas von Aquin, der größte Scholastiker, starb 1274, als Theoderich noch studierte. Aristoteles und die Bibel waren die beiden Grundpfeiler abendländischer Bildung. Die bevorzugte Forschungsmethode war der philosophische Disput, dessen Sprache uns heute seltsam anmutet. Zu großen Teilen befaßte er sich mit der *Essenz*, einem mittelalterlichen Begriff, der die eigentliche Natur oder das Wesen der Dinge bezeichnet. Tatsächlich hat Theoderich wie viele andere Gelehrte eine Abhandlung mit dem Titel *Über die Essenz* geschrieben. Doch hinter dem krampfhaften Bemühen um diesen Begriff verbarg sich das ernsthafte, manchmal verzweifelte Bestreben, zur Wahrheit über den Himmel und die Erde vorzudringen. Im übrigen war der Disput auch nicht das einzige zur Verfügung stehende Mittel, dieses Ziel zu erreichen. Theoderichs Zeitgenosse Roger Bacon führte einen mutigen Kampf gegen die Autoritäten und war bestrebt, der Mathematik und dem Experiment einen entscheidenden Platz bei der Suche nach der Wahrheit einzuräumen. Bacon war klar, daß jeder Beobachter einen anderen Regenbogen sieht, und ihm verdanken wir auch die erste korrekte Messung des Winkeldurchmessers. Doch leider legte er sich so heftig mit der Obrigkeit an, daß er Jahre im Gefängnis verbrachte. Außer Bacon wich noch eine Handvoll anderer Gelehrter von der herrschenden physikalischen Lehre ab, während die Mehrheit sich an Aristoteles und seine Exegeten hielt.

Theoderich war kein Rebell, sondern ein unabhängiger Denker mit einem großen Interessenhorizont, der zwar viele Kontroversen führte, aber im Gegensatz zu Bacon im Establishment blieb und vorankam. Der deutsche Dominikanermönch, der in dem Gebirgsstädtchen Freiberg bei Dresden lehrte und in Paris studierte, bekleidete später hohe Verwaltungsposten, unter anderem den des Provinzials von Deutschland und des deutschen Vertreters im Generalkapitel seines Ordens. Theoderich schrieb mehr als dreißig Bücher über Logik, Theologie, Metaphysik, Psychologie und Physik, von denen über die Hälfte erhalten ist. Zu ihnen gehört *De iride et radialibus impressionibus* (Über den Regenbogen und die durch Strahlen hervorgerufenen Eindrücke), möglicherweise der wichtigste physikalische Beitrag des Mittelalters.

Theoderichs Entdeckung besteht aus zwei Teilen, die beide auf minutiöse experimentelle und theoretische Untersuchungen gestützt sind. Zunächst geht er von der Überlegung aus, der Regenbogen werde nicht durch eine ganze Wolke, sondern durch einzelne Regentropfen hervorgerufen. Das ist der entscheidende Schlüssel zum Geheimnis des Regenbogens, und die sich daraus entwickelnde Theorie ist außerordentlich radikal. Sie ist «atomistisch» im Sinne des Atomismus, jener antiken Lehre, nach der sich alle Naturerscheinungen auf die Wirkungen winziger, irreduzibler Agenzien, also makroskopische Phänomene auf das Verhalten mikroskopischer Teile zurückführen lassen. Solange man Untersuchungen des Regenbogens der Autorität des Aristoteles unterwarf, der Wolken und komplizierte Wolkenbildungen für die letzten Ursachen gehalten hatte, waren alle diese Versuche so sicher zum Scheitern verurteilt wie die Materietheorien vor dem Aufkommen des Atomismus. (Zwar haben Regentropfen gegenüber Atomen den Vorteil, daß sie sichtbar sind, aber sie sind fast genauso schwer faßbar. Wenn man sie einfängt, verlieren sie ihren besonderen Charakter, und am Himmel sind sie genauso unsichtbar wie Atome.) Theoderichs Theorie des Regenbogens aus dem Jahre 1304 ist ein überzeugender Beweis für die Leistungsfähigkeit des atomistischen Denkens.

Im Frühjahr 1909, lange nachdem die Erklärung des Regenbogens schon zu einer Selbstverständlichkeit geworden war, entdeckte man den Vorteil von Tropfen gegenüber Wolken in einem völlig anderen Zusammenhang. Der Physiker Robert A. Millikan und seine Studenten in Chicago versuchten, die durchschnittliche elektrische Ladung eines Wassertropfens zu messen, indem sie die Bewegung einer Wolke unter dem Einfluß eines elektrischen Feldes in einer Nebelkammer beobachteten. Das Verfahren war grob und unbefriedigend, bis sie eines Tages Öl anstelle von Wasser nahmen. Sie stellten zu ihrem Entzücken fest, daß sich ihr Gesichtsfeld mit den Reflexen einzelner Tröpfchen füllte, die in der Kammer umhertanzten. (Der Umstand, daß die Tropfen in den Farben des Regenbogens funkelten, trug noch zu ihrer Freude bei, hatte aber mit ihrer Fragestellung nichts zu tun.) Diese Zufallsentdeckung führte zu dem berühmten Millikanschen Öltropfenexperiment, dem Beweis der Atomtheorie der Elektrizität, zur Messung der Ladung des Elektrons und später zum Nobelpreis.

Millikan konnte die Bewegung seiner Tröpfchen zum Stillstand bringen, indem er das elektrische Feld entsprechend regulierte; diese Möglichkeit besaß Theoderich nicht. Unaufhaltsam und unaufhörlich zieht die Schwerkraft Regentropfen zu Boden. Das wirft ein Problem auf: der Regenbogen verharrt, statt mitzufallen, majestätisch an seinem Platz. Auf diesen Einwand erwiderte Theoderich: «Obschon diese Tropfen, die Wasserkügelchen gleichen, in ihrem Fall fortwährend abwärts streben, sorgt der Umstand, daß andere Tropfen den Platz der ersten einnehmen, für den optischen Eindruck, sie verharrten an derselben Stelle.» So läßt sich ein scharfsinniger Einwand mühelos entkräften!

Den aristotelischen Beweis der Kreisförmigkeit des Regenbogens greift Theoderich in zugespitzter Form wieder auf. Danach wird die Form des Regenbogens vollständig von der Geometrie der Sonne, des Regentropfens und des Auges bestimmt. Solange diese drei in der gleichen Beziehung zueinander bleiben, wird sich das Erscheinungsbild des Tropfens nicht verändern. Da alle Regentropfen auf einem Kreis, der

der Sonne gegenüberliegt und der gleichzeitig um eine Linie von der Sonne durch den Kopf des Beobachters zentriert ist, identische Dreiecke mit der Sonne und dem Auge bilden, scheinen sie auch alle die gleiche Farbe zu besitzen.

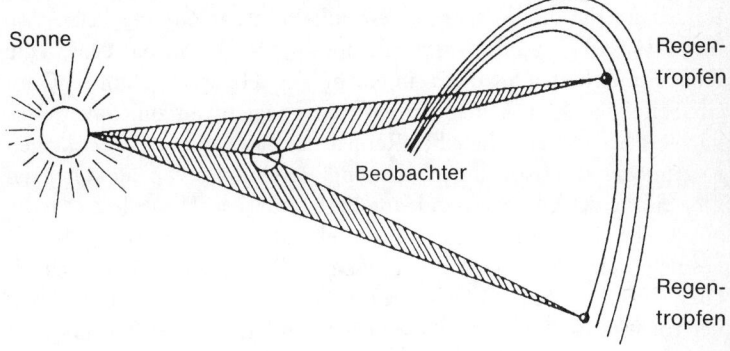

Der zweite Teil von Theoderichs Beitrag besteht in einer Analogie. Da die Regentropfen in einer Wolke zu weit entfernt sind, um sie einem Experiment zu unterziehen, muß man ein Objekt untersuchen, daß sich *wie* ein Regentropfen verhält, zum Beispiel eine Kristallkugel oder ein kugelförmiges Glasgefäß, das mit Wasser gefüllt ist. Im Vergleich zum Tropfen ist das kugelförmige Gefäß zwar riesig, aber es ist ein vollkommenes Analogon. Glas- und Wasserkugeln waren schon früher im Zusammenhang mit dem Regenbogen in Betracht gezogen worden, aber immer als Modelle der Wolke und nicht ihrer Bestandteile. Dieser Fehler führte Aristoteles in ein Gewirr unglaublicher Annahmen über kugelförmige Wolken. Sobald die richtige Analogie gefunden war, pflückte Theoderich den Regenbogen vom Himmel und trug ihn in sein Studierzimmer. Er schrieb: «Wie diese Strahlungsart vonstatten geht, läßt sich im Experiment bestätigen, wenn man einen durchscheinenden Kristallstein, Beryll genannt, oder irgendein anderes klares kugelförmiges Glas dergestalt in Hinblick auf die Sonne und den Betrachter stellt, daß sich der Betrachter zwischen der Sonne und solch einem Glas befindet, welches wohlgemerkt in der Verlängerung einer geraden Linie von der Sonne zum Betrachter angeordnet wird.»

Heute sind kugel- oder zumindest zylinderförmige Wassergefäße leichter zu haben als im Mittelalter. Ein Cognacschwenker voll Wasser gibt einen guten Regentropfen ab, obwohl man besser ein Glas mit geradem Rand verwendet, weil es keinen Farbfleck, sondern eine Linie von Farben erzeugt. Eine waagerecht liegende Taschenlampe oder eine Kerze kann die Sonne ersetzen. Verdunkeln Sie das Zimmer, kehren Sie Ihren Rücken genau der Taschenlampe zu, nehmen Sie das Glas in die linke Hand, halten Sie dieses in einem Winkel von ungefähr 45 Grad zur Seite – und versuchen Sie den Regenbogen wahrzunehmen! Zunächst sehen Sie alle möglichen Reflexe der Taschenlampe, aber keinen Regenbogen. Das ist völlig in Ordnung. Reflexionen von der konvexen Oberfläche des Glases rufen keine Farben hervor. Deshalb waren die älteren Theorien, auch die des Aristoteles, die von normaler Reflexion ausgingen, falsch. Doch mit ein bißchen Geduld, ein bißchen Heben, Drehen und Kippen des Glases entdecken Sie plötzlich einen strahlenden roten Fleck neben dem rechten Glasrand. Das ist der Regenbogen! Erzeugt wird er durch die Reflexion des Lichts an der konkaven Hinterwand des Glases. Dazu muß das Licht in das Wasser eindringen, von der inneren Rückseite des Glases zurückgeworfen werden, wieder das Wasser passieren, an der Vorderseite austreten und in Ihr Auge gelangen. Jedesmal wenn der Lichtstrahl ins Wasser eintritt oder es verläßt, wird er ein bißchen gebeugt oder gebrochen. Die Brechung beim Eintritt erfolgt zum Mittelpunkt des Glases, beim Austritt zur Taschenlampe hin. Wenn Sie die Vorderseite des Glases mit Ihrer freien Hand verdecken, können Sie sich leicht davon überzeugen, daß das Licht in das Glas nahe dem linken Rand eintritt und es in der Nähe des rechten verläßt. Bewegen Sie nun das Glas ganz vorsichtig zur einen Seite, so verschwindet das Rot, bewegen Sie es zur gegenüberliegenden Seite, ersetzen andere Farben das Rot; dann teilt sich das Bild und verschwindet. Das gespaltene Bild ist aber nur eine überflüssige Komplikation. Interessant ist hier lediglich, daß jede Farbe einem besonderen Blickwinkel entspricht. Umgäben Sie sich, statt das Glas zu bewegen, mit einem Ring winziger Gläser, eines neben dem anderen, so sähen Sie Rot in einem, Orange im nächsten, dann Gelb, Grün, Blau und Violett in dieser Reihenfolge. Sie hätten einen Regenbogen in Ihrem Zimmer.

Regenbogen erblicken wir in Diamanten, in Tautropfen, die in Spin-

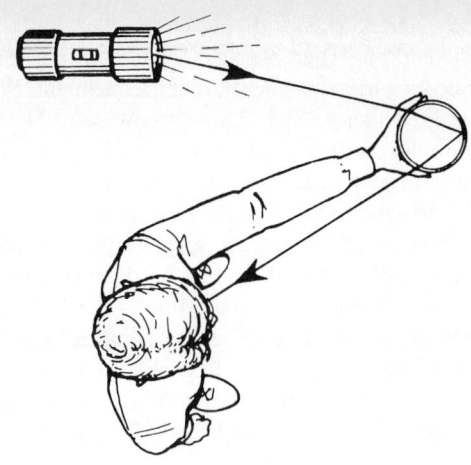

nenweben hängen, im Sprühen eines Gartenschlauchs, in der Brandung, an Wasserfällen, in Eiskristallen auf Bäumen. Man kann sogar mit zusammengezogenem Mund Wasser in die Luft sprühen und einen Regenbogen entdecken. Immer ist die Reihenfolge der Farben identisch, und immer liegt dem Vorgang die gleiche Gesetzmäßigkeit zugrunde.

Nachdem Theoderich den Hauptbogen erklärt hatte, wandte er sich einerseits dem Nebenbogen mit seiner umgekehrten Farbenfolge und andererseits Alexanders dunklem Band zu. Der Nebenbogen ist das Ergebnis zweier innerer Reflexionen. Das Licht tritt in den Regentropfen ein, erfährt eine Brechung, wird von der Hinterwand zurückgeworfen, bewegt sich durch das Wasser, wird abermals zurückgeworfen und beim Verlassen des Tropfens ein zweites Mal gebrochen. Das dunkle Band läßt sich rückblickend leicht verstehen. Regentropfen können Licht nicht erzeugen oder vernichten. Das Licht, das sie im hellen Haupt- und Nebenbogen konzentrieren, muß daher an irgendeinem anderen Ort fehlen: Es ist aus dem Raum zwischen den beiden Bogen gestohlen.

Trotz seines spektakulären Erfolgs hat Theoderich viele den Regenbogen betreffende Fragen offengelassen. Von entscheidender Bedeutung waren darunter das quantitative Problem der Winkelgröße des

Bogens – das heißt des Winkels, den der Bogen im Auge des Beobachters einnimmt – und die Frage der Farbe. Läßt sich der Regenbogenwinkel aus anderen physikalischen Größen errechnen? Was ruft die Farben hervor? In moderner Zeit hätten Theoderichs Nachfolger die Forschungsarbeit dort aufgenommen, wo er sie abbrechen mußte, so daß sie auf seinen Ergebnissen hätten aufbauen und sie ergänzen können. Doch Theoderichs Pech war, daß er lange vor der Erfindung der Buchdruckerkunst lebte. Seine Bücher, sorgfältig kopiert und mit Diagrammen versehen, die denen heutiger Lehrbücher ähneln, setzten Staub in den Klosterbibliotheken an, während die Welt sich weiterdrehte und das Mittelalter zu Ende ging. Gelegentlich stellte man in den folgenden Jahren Überlegungen zum Regenbogen an, allerdings ohne großen Erfolg, bis mit dem Anbruch der modernen Wissenschaft die Frage erneut aufgeworfen wurde und Theoderichs Entdeckung wiederholt werden mußte.

Im siebzehnten Jahrhundert beschrieb René Descartes den Regenbogen mit Worten und Diagrammen, die denen des Theoderich sehr ähnelten. Descartes war in der Lage, die Größe des Regenbogens aus den bekannten optischen Eigenschaften des Wassers zu berechnen, und heute ist es üblich, ihm das Verdienst für die erste Erklärung des Gesamtphänomens anzurechnen. Wenig später wurden die Farben von Isaac Newton erklärt, während die überzähligen Bogen, schwache Farblinien, die gelegentlich am inneren Rand auftreten, eine wichtige Rolle beim Beweis der Wellentheorie des Lichts durch Thomas Young um 1800 spielten. Noch heute werden ständig genauere und qualitativ unterschiedliche Beschreibungen des Regenbogens vorgeschlagen. Mit dem Einsatz des Computers wurde es möglich, winzige Schwankungen zu erklären, etwa durch den Einfluß der Tropfengröße und der Wassertemperaturen. 1975 beschrieb man die Verteilung einer einzigen Farbe des Regenbogens im Himmel mittels über fünfzehnhundert komplizierten Termen einer mathematischen Formel. Die Papierberge der Computerausdrucke, die die Ergebnisse dieser Rechnung festhalten, verdienen zweifellos Keats' Bezeichnung *dull catalogue* (langweiliger Katalog). Trotzdem können die Zahlen weder den Glanz des Regenbogens schmälern, noch können sie der Neugier der Wissenschaftler Abbruch tun, die sicherlich auch weiterhin dem strahlendsten Zierband der Natur zu Leibe rücken werden, ohne es je zu entflechten.

Himmelsfarben

Warum ist der Himmel blau, der Sonnenuntergang rot? Warum sind die Wolken weiß?

Neugier ist wie Hunger ein starker und notwendiger Trieb. Ohne die Fähigkeit zum Staunen würde der Verstand verhungern. Wenn man die Neugier sich entfalten läßt, entwickelt sie sich zu jener Leidenschaft für Erkenntnis und Verstehen, die den Ursprung aller Wissenschaft bildet. Nicht nur die Wortwahl, sondern auch die Beweggründe sind bei einem Kind genau die gleichen wie bei einem Physikprofessor, wenn beide fragen: «Warum ist der Himmel blau?» Sie sind schlicht und einfach neugierig.

Nicht in allen Kulturen ermutigt man die Neugier, besonders nicht die intellektuelle Spielart dieser Eigenschaft, doch in unserer Kultur ist sie von grundlegender Bedeutung. Wenn die abendländische Philosophie ein Credo hat, dann die berühmte Maxime des Sokrates, die er vor dem Gericht äußerte, das ihn zum Tode verurteilte: «Das ungeprüfte Leben ist es nicht wert, gelebt zu werden.» Sokrates war sich nicht sicher, ob seine Zuhörer diese Aussage verstehen oder akzeptieren würden. Tatsächlich ist es eine radikale Idee, fast schockierend in ihrer Entschiedenheit. Andere Kulturen – und einflußreiche Kräfte in unserer eigenen – verkünden das Gegenteil: daß wir das Leben nehmen sollen, wie es kommt, daß die Kontemplation höher zu bewerten ist als die Untersuchung und daß wir den blauen Himmel und den roten Sonnenuntergang fraglos hinnehmen und genießen sollen. Sokrates dachte vor allem an das geistige Leben, das es zu untersuchen galte. Da jedoch die Außenwelt auch zum Leben gehört, enthält dieser Imperativ gleichzeitig eine Rechtfertigung der Wissenschaft. Für den Wissenschaftler ist es die ungeprüfte Welt nicht wert, *in* ihr zu leben. Der echte Wissenschaftler muß forschen, wie Sokrates philosophieren mußte.

Zwar empfinden die meisten Menschen keine unstillbare Sehnsucht nach wissenschaftlicher Forschung, aber für viele ist sie doch eine Quelle der Freude. Aus bloßer Neugier möchten sie die Phänomene verstehen, die sie in ihrer Umwelt entdecken. Ein Anzeichen für dieses universelle Interesse ist die Beliebtheit von Naturführern. Da gibt es informative Bücher über Vögel, Schlangen, Säugetiere, Käfer, Schmetterlinge, Fische, Muscheln, Bäume, Blumen, Pilze, Fossilien, Steine, Kristalle, Wolken, Sterne und viele andere Bewohner unserer heimischen Natur. Alle beruhen sie auf der Voraussetzung, daß wir mehr Freude an diesen Dingen haben, wenn wir sie benennen können und wenn wir etwas über ihre Herkunft, ihr Umfeld und ihre Verwandtschaftsbeziehungen wissen. Solche Bücher dienen der Lust am reinen Wissen und stehen in der Nachfolge des Sokrates.

Wohl zu den bekanntesten Büchern dieser Art in den Vereinigten Staaten gehört *A Field Guide to the Birds* von Roger Tory Peterson, ein Werk, das man auf den Fensterbänken aller Eigenheime antrifft, deren Bewohner draußen den Garten und drinnen die Neugier pflegen. Mit seiner Hilfe lassen sich wildlebende Vögel zur Erbauung der Alten und zur Belehrung der Jungen bestimmen. Der Benutzer hat das Empfinden, daß sein Horizont sich weitet und seine Sinne sich schärfen, wenn er in einem Schwarm von Vögeln auf dem Rasen die Meise, das Goldhähnchen und den Finken unterscheiden und ihre Rufe im Wald erkennen kann. Diese Fähigkeit hat keinen praktischen Nutzen, außer daß sie die Neugier befriedigt und den Wissensdurst stillt.

Die meisten dieser Bestimmungsbücher fallen in das Gebiet der Naturgeschichte und decken dabei primär biologische Wissenschaften ab, doch es gibt auch Werke, die physikalische Themen behandeln, etwa die Geologie oder Astronomie. So versteht man unter dem Naturforscher, in dessen Zuständigkeitsbereich diese Bücher gehören, in erster Linie auch den Botaniker und Zoologen. Im siebzehnten und achtzehnten Jahrhundert war jedoch der Naturforscher und Naturphilosoph im engeren Sinne das, was wir heute einen Physiker nennen. Dieser ältere Wortgebrauch legt die Frage nahe: Warum gibt es solche Führer nicht auch für die Physik?

Die Antwort kann nicht im Mangel an physikalischen Phänomenen liegen, da alle Dinge um uns herum – ob lebendig oder tot – ständig in physikalische Prozesse einbezogen sind. Die Schwerkraft wirkt auf die belebte wie auf die unbelebte Natur gleichermaßen ein, und die Bewegungsgesetze bestimmen das Verhalten von Pflanzen und Tieren so gewiß wie das der Steine und Sterne. Wir baden in der farbigen Unendlichkeit des Lichts, sind umfangen von Lauten in zahllosen Abstufungen, gespeist durch eine Vielfalt von Energieformen und zur Auflösung verdammt durch die unerbittlichen Gesetze der Thermodynamik. Es gibt buchstäblich nichts, was sich dem Einfluß der Physik entziehen könnte. Warum haben wir dann keinen Physikführer, der ein Thema von so allgegenwärtiger Bedeutung behandelt? Wenn Zoologie, Botanik, Geologie, Paläontologie, Chemie und Astronomie zu solchen Büchern anregen, warum nicht auch die Physik?

Der Hauptgrund dürfte darin liegen, daß diese Werke im wesentlichen taxonomischer Natur sind und die Physik über das Stadium der Klassifizierung weit hinausgelangt ist. Auf jedem wissenschaftlichen Betätigungsfeld ist die erste Stufe der Entwicklung die Taxonomie. Der verwirrende Reichtum von Untersuchungsgegenständen muß zunächst einmal in irgendeine systematische Ordnung gebracht werden. Das gilt für Muschelschalen wie für Sterne, für Spinnen wie für Schneeflocken. Die Einzelheiten des Klassifikationsschemas sind gewöhnlich nicht sonderlich wichtig, und es verändert sich, sobald neue Einsichten gewonnen werden, doch dieser erste Schritt des Sichtens und Benennens ist für eine junge Wissenschaft unentbehrlich.

In der zweiten Hälfte des achtzehnten und während des neunzehnten Jahrhunderts wurde die Biologie vom Linnéschen System zur Klassifizierung der Pflanzen und Tiere beherrscht. Feldbiologen schwärmten in alle Welt aus, sammelten Hunderttausende von Exemplaren und schickten sie nach Europa, wo Theoretiker sie dem neuen Bezugssystem einverleibten. Ohne diese systematische Erfassung der Familienbeziehungen wäre die Evolutionstheorie, die Grundlage der gesamten Biologie, nie entdeckt worden. In der Astronomie führte die Klassifizierung der Sternenspektren durch Annie Jump Cannon im ersten Viertel des zwanzigsten Jahrhunderts zur modernen Auffassung von Aufbau und Entwicklung der Sterne. In der Chemie war es die Taxonomie der Elemente in Gestalt des Mendelejewschen Periodensystems, das die moderne Zeit einleitete.

Die Physik hat sich allerdings über die Taxonomie hinausentwickelt. Wenn eine Wissenschaft in die Jahre kommt, verliert die Klassifikation an Bedeutung. Sobald man die zugrundeliegenden Strukturen versteht und durch einfache mathematische Modelle wiedergibt, werden lange Tabellen zu kurzen Formeln reduziert. So wurden die langen Sammlungen der Elevationswinkel für Geschütze unterschiedlicher Reichweite schließlich durch die Gesetze der Wurfbewegung zusammengefaßt. Die Kataloge der Lichtbrechungswinkel an der Grenzfläche zwischen Glas und Luft sind durch das Snelliussche Brechungsgesetz ersetzt, die alten Aufstellungen der Planetenpositionen auf wenige Angaben über elliptische Umlaufbahnen gestutzt worden. Bezeichnenderweise spielt die Taxonomie jedoch noch immer eine wichtige Rolle in der vordersten Linie der Physik, wo die Resultate auch dieser Wissenschaft noch jung sind und sich in der Entwicklung befinden. Heute hat die Klassifizierung Hunderter von Eigenschaften der Elementarteilchen die Bedeutung, die einst dem Linnéschen System in der Biologie zukam. Seit dreißig Jahren dient der Gemeinschaft der Hochenergiephysiker eine abgegriffene kleine Broschüre mit dem Titel *Particle Properties Data Booklet*, die man bequem in der Tasche tragen kann, als Erkennungszeichen. Auch hier handelt es sich um ein Bestimmungsbuch, doch im Unterschied zu den meisten anderen seiner Art ist es eher für den Fachmann als für den interessierten Laien geschrieben; sein Anwendungsgebiet ist das Beschleunigerlabor und nicht die freie Natur, und es beschreibt Erscheinungen, die sich nicht mit bloßem Auge entdecken lassen. Heute hoffen die Teilchenphysiker inbrünstig, die vielen hundert Eintragungen in dem Büchlein bald aus einem einfachen mathematischen Modell der Materie ableiten zu können, so daß ihr Bestimmungsbuch überflüssig wird.

Wenn die Taxonomie aus dem Zentrum des wissenschaftlichen Interesses rückt, kommt es zu einer Verlagerung der Fragen vom *Was?* zum *Wie?* Während der Amateurbiologe versucht, eine Blume mit einer Beschreibung in seinem Buch zur Deckung zu bringen, und bestenfalls auf Abweichungen und Überraschungen stößt, steht der Physiker vor der Aufgabe, eine Erscheinung, die er beobachtet hat, zu anderen, vertrauteren Phänomenen in Beziehung zu setzen oder, besser noch, sie aus fundamentalen Gesetzen abzuleiten. Die Frage «Wie heißt dieser kleine rote Vogel?» unterscheidet sich grundlegend von der Frage «Warum ist der Sonnenuntergang rot?» Dieser Unterschied zeigt, daß die beiden Disziplinen grundverschiedene Arten von Führern in Buchform erfordern. Aus der Taxonomie folgt ganz selbstverständlich das Schema eines Buches, dessen Ziel es ist, die Erscheinungen zu ordnen. Dagegen beginnen Lehrbücher über derart deduktive Wissenschaften wie die moderne Physik oder die griechische Geometrie mit einer möglichst kleinen Zahl von Gesetzen, um dann die Folgerungen daraus mit stetig wachsender Komplexität abzuleiten. Auf den ersten Blick läßt sich nicht sagen, wo man in einem solchen System auf die Ursachen für die Farbe des Sonnenuntergangs, der Wolken und des Himmels stoßen wird. Sie können sich am Ende einer langen, komplizierten Argumentationskette zeigen oder sich direkt aus einem einfachen Gesetz ergeben. Sie können miteinander verwandt sein oder gar nichts miteinander zu tun haben. Unter ihrer äußerlichen Ähnlichkeit können sich tieferliegende Unterschiede verbergen. Oder sie sind, was zumeist der Fall ist, auch heute noch nicht ganz verstanden. Ein Physikführer, auf die übliche Art konzipiert, scheint auf unüberwindliche strukturelle Probleme zu stoßen.

Und doch gibt es eine Art Physikführer. *The Flying Circus* von Jearl Walker ist offenkundig mit großer Begeisterung geschrieben und soll dem Laien, der sich für die physikalischen Aspekte der Natur interessiert, ein ebenso zuverlässiger Begleiter sein wie Petersons Buch für den Vogelliebhaber.

Warum ist der Himmel blau? Warum ist der Sonnenuntergang rot? Warum sind die Wolken weiß? Diese und sechshundert weitere Fragen – fast alle beginnen sie mit dem Wörtchen *warum* – sind hier in einer langen Liste zusammengestellt. Sie reichen von vertrauten zu hoch technischen Dingen, von Bereichen, die wir genau kennen, bis zu solchen, über die wir gar nichts wissen. Warum erscheint der Mond größer, wenn er nahe am Horizont steht? Warum quietscht Kreide? Warum beschreiben Flüsse Schlangenlinien? Woher bekommt ein Flugzeug Auftrieb? Warum blinken Sterne? Warum schillern Öllachen auf der Straße so bunt? Warum haben Golfbälle Grübchen? Warum knacken, krachen, knistern Reis-Krispies? Was verursacht das Knallen von Dampfheizungen?...

Jede Frage wird in einem eigenen Abschnitt ausführlich behandelt, und einige sind mit seltsamen Zeichnungen illustriert. Der Leser erhält Anweisungen zum Beobachten der Phänomene, Vorschläge zur Durchführung einfacher Experimente und Hinweise, wie er sich vor falschen

Erklärungen hüten kann. Die Fragen sind in Kapitel untergliedert, die den traditionellen Teilgebieten der Physik entsprechen: Akustik, Mechanik, Wärme, Flüssigkeiten, Optik, Elektromagnetismus. In jedem Kapitel sind die Probleme nach den zugrundeliegenden physikalischen Prinzipien angeordnet, doch da die Phänomene so unterschiedlich und unerwartet sind, hält man sich am besten an das Register oder schmökert kreuz und quer.

Die raffinierteste Eigenart des Buches sind die Erklärungen. Es gibt nämlich keine – viele sind schließlich umstritten, und die meisten setzen umfangreiches Hintergrundwissen voraus. Statt dessen wird der Leser auf die 1632 Angaben umfassende Mammutbibliographie verwiesen. Während für einige Fragen ein Dutzend oder mehr Quellen genannt werden, liefert die Bibliographie für andere nur eine einzige und für einige überhaupt keine – weil es für diese Fragen keine Quellen gibt. Diese Methode der Beantwortung – oder vielmehr der *Nicht*beantwortung – regt zu Mutmaßungen und eigenständigem Denken an, das zu Nachforschungen in Bibliotheken führt statt nur zum Griff nach dem Konversationslexikon. *The Flying Circus of Physics* versteht sich als Anregung und nicht als Autorität. «Ich bin nicht so sehr daran interessiert, wie viele [Aufgaben] Sie lösen können», schreibt der Autor im Vorwort. «Vielmehr möchte ich, daß Sie sich darüber Gedanken machen.»

Doch leider ließ sich diese edle Absicht nicht lange durchhalten. Der Autor gab dem Verlangen nach augenblicklicher Bedürfnisbefriedigung nach und ließ zwei Jahre nach dem Erscheinen der ersten Ausgabe eine zweite folgen mit dem Titel *The Flying Circus of Physics WITH ANSWERS* (deutsch: *Der fliegende Zirkus der Physik: Fragen und Antworten*). Und hier ist sie nun mit einem neuen Abschnitt, der um des leichteren Zugriffs willen auf gelbem Papier gedruckt ist. Zwar sind die Antworten nur skizziert, und der Leser ist gebeten, sie nur aufzuschlagen, wenn alle Stricke reißen, aber der damit angerichtete Schaden läßt sich nicht übersehen. Einen Teil seines Zaubers, seiner Neuartigkeit und seiner Rätselhaftigkeit hat das Buch zusammen mit der Berechtigung seines Untertitels eingebüßt. «Versuchen wir's herauszufinden» ist ersetzt worden durch «Hier hast du deine Antwort, und nun laß mich in Ruhe». Dennoch bleibt *Der fliegende Zirkus* als Anleitung zur Erklärung physikalischer Phänomene unserer Welt unschätzbar.

Welche Gründe haben also das Rot, Weiß und Blau von Sonnenuntergang, Wolken und Himmel? Versuchen wir's herauszufinden. Der wichtigste Schritt zur Erklärung von Himmelserscheinungen – egal ob sie mechanischer Natur sind wie die Bewegung des Mondes, elektrischer Natur wie der Blitz oder optischer wie der Regenbogen – besteht darin, sie ins Labor zu holen, wo sie dem Experiment zugänglich werden. Im Falle der Himmelsfarben läßt sich das leicht bewerkstelligen. Dazu müssen wir nur das Erscheinungsbild eines Lichtstrahls beobachten, der, sagen wir, aus einer Taschenlampe in einen Krug oder ein Aquarium voller Wasser mit einem Schuß Milch fällt. An sich sieht das Lampenlicht, wie das der Sonne, gelblich aus. Doch von vorn durch das milchige Wasser betrachtet, nimmt es eine deutlich rötliche Färbung an. Von der Seite gesehen, erscheint das wolkige Wasser hingegen blau. Wird die Taschenlampe kreisförmig um den Wasserkrug herumgeführt, ohne daß die Augen des Beobachters eine andere Position einnehmen, ist eine fortlaufende Veränderung der Farbe im Wasser zu erkennen – von Blau zu Rot und wieder zu Blau zurück. Bei unterschiedlichen Milchkonzentrationen läßt sich das Phänomen in verschiedenen Intensitätsabstufungen studieren.

In diesem einfachen Experiment liegt der Schlüssel zum Verständnis vieler der schönen Himmelsfarben und ihrer Spiegelbilder in Seen und Meeren. Keines der einzelnen Elemente zeigt eine rote oder blaue Farbe: Wasser ist klar und durchsichtig, und das Licht ist gelb. Dennoch sind Rot und Blau in der Versuchsanordnung verborgen. Ein Prisma würde offenbaren, daß alle Farben des Regenbogens im Licht der Sonne oder einer Taschenlampe gemischt sind. Den Prozeß, der sich im Wasser vollzieht, ist uns unter der Bezeichnung «Streuung» bekannt. Ein Teil des Lichts, das in den Krug eintritt, gelangt auf geradem Weg hindurch, während ein anderer Teil durch die winzigen Milchpartikel gestreut, das heißt zur Seite gelenkt oder auch zurückgeworfen wird. Offenbar hängt das Ausmaß der Streuung von der Farbe ab: Das Wasser erscheint blau, weil Milchtropfen von allen Farben das Blau am besten streuen können. Was hindurchgelangt, ist gelbes Licht, das seiner blauen Komponente beraubt ist. Da Blau und Rot an den entgegengesetzten Enden des Regenbogenspektrums auftreten, ist das elektrische Licht ohne Blau unausgewogen und erscheint röter als die ursprüngliche Mischung.

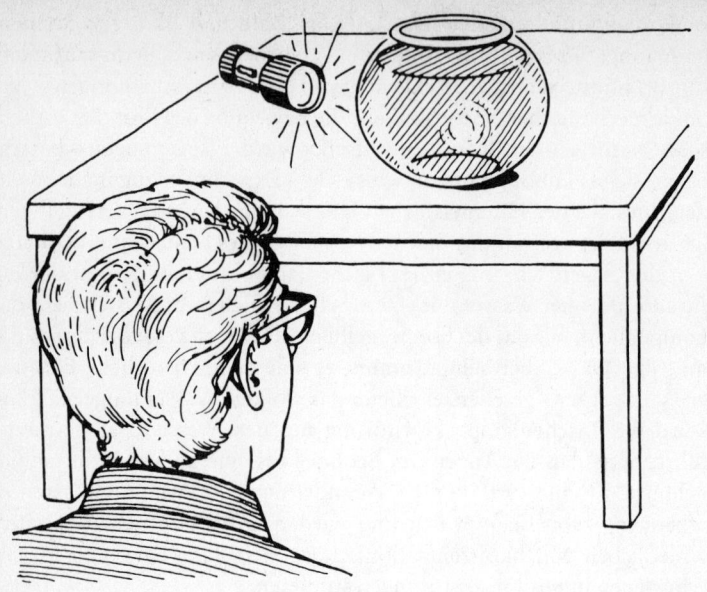

Aus Experimenten mit verschiedenen Stoffen wissen wir, daß die Farbe, die abgelenkt wird, im wesentlichen von der Größe der für die Streuung verantwortlichen Partikel abhängt. Von sehr kleinen Partikeln, wie es die Milchkügelchen sind, wird mit Vorliebe blaues Licht gestreut. Wenn die Partikel größer werden, schwächt sich dieser Effekt so lange ab, bis eine Größe erreicht ist, die alle Farben gleich gut streut.

Diese Beobachtungen führen zu der Vermutung, daß der Himmel nicht blau ist, weil er in dieser Farbe erstrahlt, noch weil er einen blauen Hintergrund hat, sondern weil die Atmosphäre die blauen Bestandteile des Sonnenlichts streut. Steht die Sonne hoch, so durchquert ihr Licht eine dünne Schicht der Atmosphäre über uns. Diese Schicht ist nicht dick genug, um dem Sonnenlicht in hinreichendem Maße Blau zu entziehen. Doch am Abend durchquert das Licht der sinkenden Sonne die Atmosphäre in schräger Linie und legt damit einen sehr viel längeren Weg in der Luft zurück, was dazu führt, daß mehr Blau gestreut und folglich mehr Rot zurückgelassen wird. In Analogie zum Küchenexperiment lassen sich also sowohl der blaue Himmel als auch der rote Sonnenuntergang durch einen grundlegenden Prozeß erklären: die Streuung des Lichts an kleinen Partikeln.

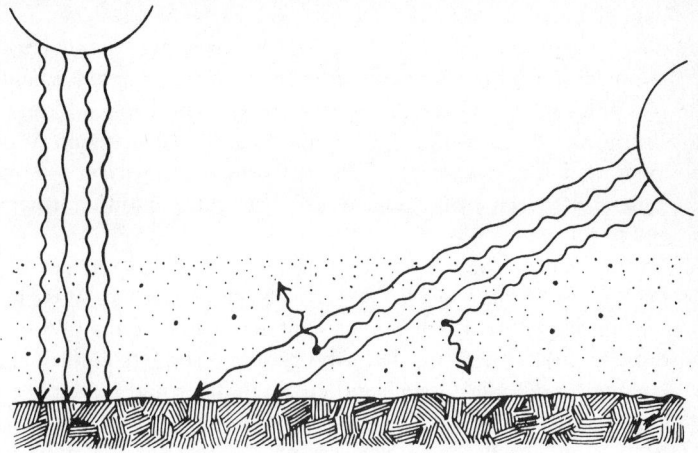

Da die Welt ebenso verschwenderisch in Luft badet wie in Sonnenlicht, gibt es neben klaren Himmeln und Sonnenuntergängen noch eine Vielfalt anderer Manifestationen ihrer Wechselwirkungen. Maler, die versuchen, das unendliche Universum von Abstufungen und Schattierungen auf ihrer Leinwand festzuhalten, wissen besser als irgend jemand sonst die Feinheiten von Farbe und Licht in freier Natur zu würdigen. Als erster hat Leonardo da Vinci, dessen leidenschaftliche Liebe zur Natur eine einzigartige Synthese von Wissenschaft und Kunst hervorgebracht hat, einige grundlegende Beobachtungen ausgewählt und beschrieben.

Einer von Leonardos überdauernden Beiträgen zur Theorie der Malerei war die Unterscheidung zwischen drei Arten der Perspektive. Die erste, Linearperspektive genannt, betrifft die Größenverminderung von Gegenständen mit wachsendem Abstand vom Auge. Dieses Thema ist schon zu Leonardos Zeiten gründlich behandelt worden und dürfte dem Leser vertraut sein. Die zweite und dritte – die Farb- beziehungsweise Luftperspektive – waren neu. Die Farbperspektive betrifft die farbliche Veränderung von Gegenständen, die sich von uns entfernen: «Ein sichtbarer Gegenstand wird seine wirkliche Farbe in dem Maße weniger zeigen, in dem das zwischen ihn und das Auge eingeschobene Mittel an Dicke der Schicht zunimmt. Das Mittel zwischen dem Auge und dem gesehenen Gegenstand wandelt die Farbe dieses Gegenstandes zur seinigen um.» Mit dem Wort «Luftperspektive» bezeichnete Leonardo die zunehmende Verschwommenheit ferner Dinge: «Scheinbild und Substanz der Dinge verlieren mit jedem Grad an Entfernung an Wirkungskraft, das heißt, je weiter der Gegenstand sich vom Auge entfernen wird, um so weniger (und unvollkommener) wird er mit seinem Scheinbild durch die (zwischengeschobene) Luft hindurchdringen können.»

Unzählige spezifische Beobachtungen und Skizzen stützen Leonardos Darlegungen dieser beiden Gesetze. Nach modernem Wissensstand bringt man diese Erscheinungen mit der Lichtstreuung und -absorption in Zusammenhang. Die Absorption verringert einfach die Lichtmenge, so daß der Gegenstand um so dunkler und unklarer erscheint, je weiter er entfernt ist. Faszinierender und komplizierter ist die Veränderung der Farbe mit der Distanz. Zunächst würde man vermuten, daß alles in der Ferne röter erscheinen müßte als von nahem, so wie die Sonne am Abend röter aussieht als am Nachmittag. Diese Annahme trifft in der Tat auf Licht und Feuer und andere helle Objekte wie schneebedeckte Berggipfel zu, doch bei dunklen Flächen kehrt sich der Effekt um. Das Auge, das einen fernen Wald betrachtet, entdeckt nur wenig von dem Licht, das die grünen Bäume reflektieren, nimmt dafür aber das Sonnenlicht wahr, das von der dazwischenliegenden Luft gestreut wird. Wie der Himmel ist dieses gestreute Licht blau, wodurch dunkle Objekte um so blauer und gleichfarbener aussehen, je weiter sie entfernt sind.

Das Blau ferner Berge ist ein wunderbarer Anblick. In hügeliger Landschaft erscheint jeder nachfolgende Kamm blasser und blauer. Diese Erscheinung, verstärkt durch die Dämpfe, die die Bäume ausdunsten, hat mehr als einem Dutzend Gipfeln in aller Welt zu ihrem Namen verholfen, so dem Blue Ridge in den Appalachen und den Blue Mountains von Oregon, Maine, Jamaica und Australien. Schon römische Fresken zeigten blaue Berge in der Ferne, aber offenbar geriet der Effekt dann bis zur Renaissance in Vergessenheit. Die Hintergrundfarben auf den Bildern flämischer Meister des fünfzehnten Jahrhunderts sind berühmt für ihre herrlichen Blauabstufungen. Ihren Höhepunkt erreichte die Anwendung der Farbperspektive im neunzehnten Jahrhundert bei William Turner, dem Meister der Darstellung von Wasser, Luft und Licht, der sie zu einer ausdrucksvollen bildlichen Sprache vervollkommnete. Blau, die Farbe der lebenspendenden Luft und – durch Reflexion – auch des Wassers, übt eine besondere Anziehungskraft auf die Seele aus. Nach Ruskin ist «Blau auf ewig von der Gottheit berufen, als Quelle des Entzückens zu dienen».

Dem Passagier eines in großer Höhe fliegenden Düsenflugzeugs offenbart sich eine ganz neue Welt von Luftfarben. Die bizarren Formen der weißen und grauen Wolken, der blasse Himmel darüber und die dunklen Flecken Landes und ferner Wasser mischen sich zu einer abwechslungsreichen Symphonie in Blau. Turner hatte sich einmal entgegen dem flehentlichen Rat seiner Freunde mehrere Stunden lang an den Mast eines Schiffes gefesselt, um die Farben eines Sturms auf See mit eigenen Augen zu sehen. Was hätte er für einen Fensterplatz in einer Boeing 747 von London nach New York gegeben!

Die Erklärung der blauen Farbe des Himmels als Folge eines Streuprozesses beruht auf einer Analogie, doch viele Fragen bleiben bestehen. Was für kleine Partikel sind das, die das Licht streuen? Bei unserem Experiment sind es Milchtröpfchen, doch was verursacht die Streuung im Himmel? Könnten es die Luftmoleküle selbst sein?

Hypothesen werden in den Stand von Theorien gehoben und später als Fakten behandelt, wenn man aus ihnen Vorhersagen ableiten kann, die sich verifizieren lassen. Qualitative Vorhersagen sind nützlich, doch um wirklich zu überzeugen, müssen sie quantifizierbar sein. Die Naturphilosophie wird in dem Augenblick zur Physik, wo die Beobachtungen zu Messungen werden.

Im Falle der Luftfarbe gibt es ein wunderbar einfaches Gerät, das es uns ermöglicht, den Worten Zahlen zuzuordnen. Es besteht lediglich aus einer Papprolle mit kleinen Löchern in den beiden Deckeln und wird Nigrometer genannt, wodurch seine Funktion auch schon bezeichnet ist: nämlich das Maß der Schwärze zu messen. Blickt man durch die Rolle auf einen vollkommen schwarzen Gegenstand in einiger Entfernung, etwa auf ein offenes Fenster, so zeigt das Nigrometer einen deutlich blauen Fleck. Diese Farbe ist die der Luft zwischen dem

Beobachter und dem Fenster. Wenn man am Ende der Rolle einen kleinen Spiegel in einem Winkel von 45 Grad befestigt, dann kann man gleichzeitig nach vorn auf das Fenster und nach oben in den Himmel blicken. Nun lassen wir den Beobachter rückwärts gehen, das heißt vom Fenster fort, bis sich die beiden Bilder in ihrer Helligkeit entsprechen. Da der Spiegel nur ein Zwanzigstel der auf ihn einfallenden Lichtmenge reflektiert, weiß der Beobachter, daß die Menge blauen Lichts, die von der Atmosphäre in die Papprolle gestreut wird, genau zwanzigmal größer ist als die Menge, die von der Luftsäule zwischen dem Auge des Betrachters und der Fensteröffnung zurückgeworfen wird. Die Entfernung zum Fenster multipliziert mit zwanzig müßte der Dicke der gesamten Atmosphäre entsprechen, wenn man sie auf ihre Dichte am Erdboden komprimieren würde. Diese «äquivalente Schichtdicke der Atmosphäre» kennen wir aus anderen, unabhängigen Messungen sehr genau. Damit sind wir schließlich zu einer Vorhersage gelangt. Wenn sich die beiden Zahlen einigermaßen gleichen, dann ist die Annahme gerechtfertigt, daß die Farbe der Atmosphäre auf die Moleküle zurückgeht.

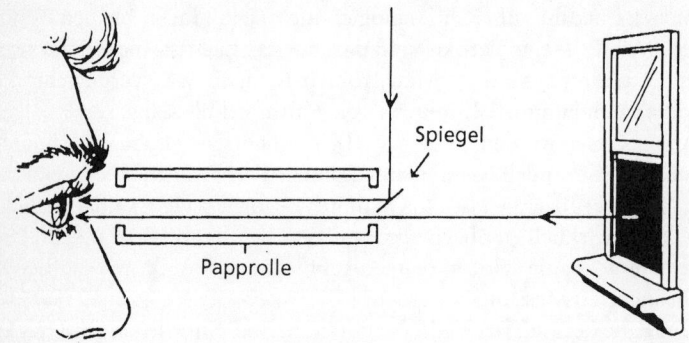

Dieses Nigrometer erfand 1920 der amerikanische Physiker Robert Williams Wood. Er führte auch das beschriebene Experiment durch. Die ermittelten Zahlen stimmen überein.

Wood war so etwas wie ein *enfant terrible* der Physik. Der hervorragende Experimentator spezialisierte sich auf die physikalische Optik und machte wichtige Entdeckungen auf diesem Gebiet. Überdauernden Ruhm verdankt er aber seinem skurrilen Humor und den Scherzen, die in den Labors der ganzen Welt gefürchtet waren. Heute sind seine Artikel und Bücher Fußnoten der Fachliteratur, doch eines seiner Werke dürfte ihn unsterblich machen. Es ist nichts weniger als ein interdisziplinäres Bestimmungsbuch, das einzige, das es zu dem schwierigen Thema der Flornithologie gibt. Unter dem vielversprechenden Titel *How to Tell the Birds from the Flowers* (Wie man Vögel von Blumen unterscheidet) führen seine Zeichnungen bemerkenswert ähnliche Paare von Tieren und Pflanzen vor. Die Liste reicht von «The Plover. The Clover» (Der Regenpfeifer. Der Klee) bis «The Tern. The Turnip» (Die Seeschwalbe. Die Rübe). Die Verse, die jedem Bildpaar folgen, führen die Unterschiede auch dem Anfänger vor Augen. Zum Beispiel werden zwei zigarrenförmige Objekte, «Der Papagei. Die Möhre», wie folgt unterschieden:

The Parrot and the Carrot one may easily confound,
They're very much alike in looks and similar in sound,
We recognize the Parrot by his clear articulation,
For Carrots are unable to engage in conversation.

Wenn diese herrlichen Albernheiten überhaupt einen ernstgemeinten Kern haben, dann den, vor der Verwechslung von Phänomenen zu warnen, die sich vordergründig ähneln, aber ihrem Wesen nach völlig verschieden sind. Für die Physik gilt häufig das Gegenteil. Die blaue Farbe des Himmels und die rote des Sonnenuntergangs sind sich so unähnlich wie nur möglich, doch beide lassen sich auf eine gemeinsame tieferliegende Ursache zurückführen. Diese vereinigende Kraft der Wissenschaft hat Wood in seinem fröhlichen Beitrag zur Naturkunde parodiert.

Woods Nigrometer leistet mehr, als nur auf raffiniert einfache Weise die Mechanismen der atmosphärischen Streuung zu veranschaulichen. Es verändert auch unsere Wahrnehmung, indem es zeigt, daß sich die blaue Farbe des Himmels und ferner Berge tatsächlich in der dazwischenliegenden Luft befindet. Die Luft ist nicht unsichtbar: Wir sehen sie ständig. Wenn wir nach oben blicken, schauen wir nicht in die Unendlichkeit, sondern auf eine dünne Schicht eines blauen Fluidums, der Atmosphäre, die vor dem pechschwarzen Hintergrund des Alls liegt. Berge sind in Wirklichkeit grün und grau, aber sie erscheinen in der Ferne blau, weil wir die vor ihnen liegende Luft sehen. Diese Erkenntnis macht unsere Welt zugleich begrenzter und sicherer. Vor der ungeheuren kalten Dunkelheit des unendlichen Weltraums abgeschirmt, tummeln wir uns glücklich in der blauen Fruchtblase der Erde.

Wellen

Einem Reisenden, der am 3. Juni 1845 zufällig auf der Straße von Utrecht in Mittelholland zur nahe gelegenen Stadt Maarsen unterwegs gewesen wäre, hätte sich ein merkwürdiger und unvergeßlicher Anblick geboten. Hier durchschnitt, wie in fast allen anderen europäischen Ländern dieses Jahrzehnts, die frische neue Trasse der ersten Eisenbahn schnurgerade die Sommerlandschaft. Entlang der Gleise schienen sich kleine Gruppen von Männern in regelmäßigen Abständen auf irgendeine wichtige Aufgabe vorzubereiten. Bekleidet mit glänzenden Zylinderhüten, würdevollen Gehröcken und engen karierten Hosen, waren einige mit Notizbüchern, andere mit Uhren und wieder andere, zu des Reisenden Erstaunen, mit Trompeten und Jagdhörnern ausgerüstet. Plötzlich kam Leben in das Bild. In der Ferne tauchte, eine lange schwarze Rauchfahne hinter sich herziehend, ein Zug auf, der nur aus einer Lokomotive, einem Kohletender und einem flachen Güterwagen bestand. Auf diesem Wagen und sogar auf der winzigen offenen Lokomotive gingen andere Männer mit Notizbüchern, Uhren und Trompeten bereits einer fieberhaften Tätigkeit nach. In regelmäßigen Zeitabständen wurden ein paar kurze, isolierte Töne herausgeschmettert, und zwar abwechselnd von den Musikern am Damm und denen, die mit stolzen fünfundvierzig Stundenkilometern vorüberrasten. Nach jedem Vorfall dieser Art kam Bewegung in die Beobachter, die stationären wie die bewegten: Sie besprachen sich, debattierten heftig, schrieben etwas auf und bereiteten sich auf das nächste Ereignis vor. Einmal ließ die Lokomotive ihren durchdringenden Pfiff ertönen, und alle hörten aufmerksam zu. Nachdem der Zug vorbeigefahren war, hätte der verwirrte Reisende, wäre er geduldig genug gewesen, beobachten können, wie der Zug in einiger Entfernung anhielt, die Gegenrichtung einschlug und mit veränderter Geschwindigkeit zurückkehrte

– abermals begleitet von Trompeten, Hörnern, gereckten Hälsen, angestrengtem Lauschen, Debattieren und Kritzeln.

Was für ein merkwürdiges Ritual entfaltete sich da? Irgendeine Einweihungszeremonie – ohne Menschenmengen, ohne Fahnen, ohne Musik, von den vereinzelten mißtönenden Klängen der Blasinstrumente abgesehen? Irgendeine geheimnisvolle technische Veranstaltung, ohne schweigsame Ingenieure, brüllende Vorarbeiter und wettergegerbte Arbeiter, statt dessen mit blassen Menschen, die nach sitzender Tätigkeit, nach Berufsmusikern aussahen? Tatsächlich war es nichts dergleichen. Das ganze geheimnisvolle Geschehen war ein großangelegtes wissenschaftliches Experiment von größter Bedeutung für die Zukunft von Physik und Astronomie.

Ersonnen und durchgeführt hatte es der holländische Meteorologe Christoph Hendrik Diederik Buys Ballot, und es sollte die Behauptung beweisen, daß die Höhe eines Tons davon abhängt, ob sich seine Quelle in bezug auf den Hörer in Ruhe oder in Bewegung befindet. Heute ist uns der Effekt vertraut, weil die Geschwindigkeit unserer Fahrzeuge größer und deshalb die Klangveränderung deutlicher ist. Jeder hat schon einmal eine Zugsirene gehört, die einen Klagelaut auszustoßen scheint, obwohl sie doch nur einen einzigen Ton von sich gibt, oder das Dröhnen eines vorbeifahrenden Lasters, das sich seltsam vertieft. 1845 hatte die Menschheit diese Laute noch nicht vernommen. Als Experimentiergerät wählte Buys Ballot, vielleicht weil er als Meteorologe an den Aufenthalt im Freien und an riesige Naturerscheinungen wie das Meer und die Berge gewöhnt war, den Eisenbahnzug und nicht irgendeine raffinierte Versuchsanordnung im Labor. Wenig später gelang es Experimentalphysikern, seine Ergebnisse in gewohnter Umgebung zu reproduzieren, doch öffentlichkeitswirksamer war Buys Ballots dramatische Vorführung ganz bestimmt.

Die Theorie sagt vorher, daß im Vergleich zu einer stationären Schallquelle die Tonlage einer sich nähernden Schallquelle höher als die einer sich entfernenden ist. Wenn eine Trompete auf einem fahrenden Güterwagen einen Ton ausstößt, müßte ein Beobachter, der am Bahndamm steht, einen höheren Ton hören, bevor der Zug vorbei ist, und danach einen tieferen Ton. Das gleiche müßte geschehen, wenn die Trompete stationär ist und der Beobachter fährt. Null ist die Tonverschiebung, wenn die relative Geschwindigkeit null ist, und sie nimmt zu mit wachsender Geschwindigkeit. Das Experiment an der Bahnlinie Utrecht – Maarsen war dazu bestimmt, diese Vorhersage zu bestätigen.

Der Bericht über diesen Versuch, in einem zeitgenössischen Journal veröffentlicht, ist von erfrischender Offenheit. Zu Beginn dankt der Autor dem Innenminister und dem Direktor der Rhein-Eisenbahn für die freundliche Erlaubnis, frei über den Zug zu verfügen. Geräusche der Lokomotive, die die erste Beobachtungsreihe überlagerten, der Verlust eines Notizblocks auf dem Zug, das Unvermögen einiger Beobachter, Viertelnoten zu unterscheiden, die Unfähigkeit des Lokomotivführers, eine gleichbleibende Geschwindigkeit beizubehalten, die unglückliche Neigung des besten Beobachters, wichtige Informationen in seinen Aufzeichnungen fortzulassen, der Verdacht, daß einige Beobachter das Lokomotivsignal mit einem Trompetenton verwechselten, die Besorgnis, daß einige Instrumente während des Experiments ihre Tonlage verändert hätten, das Durcheinander auf den Listen mit mehr als hundert einzelnen Tönen – alle diese mißlichen Umstände sind sorgfältig vermerkt. Am Ende ist die Schlußfolgerung jedoch eindeutig: Bewegung verändert die Höhe musikalischer Töne in exakt der vorhergesagten Weise.

Merkwürdiger noch als das Experiment selbst war sein Beweggrund. Buys Ballot wollte nämlich eine Theorie experimentell bestätigen, die drei Jahre zuvor der österreichische Physiker Christian Johann Doppler in seinem Artikel «Über das farbige Licht der Doppelsterne und einiger anderer Gestirne des Himmels» vorgeschlagen hatte. Doppelsterne, wie die beiden Sonnen in dem Film *Krieg der Sterne*, zeigen manchmal zwei auffällig unterschiedliche Farben. Ein hübsches Beispiel ist das Doppelsternsystem Albireo, das für das bloße Auge als ein einziger weißer Punkt im Sternbild des Schwans sichtbar ist und sich im Feldstecher zu zwei eng beieinander stehenden Sternen auflöst, der eine rot und der andere blau. Doppelsterne umkreisen sich wie Walzertänzer, aneinander gebunden durch ihre gegenseitige Massenanziehung, aber da eine einzige Umdrehung Tage oder sogar Jahre dauern kann, ist die Bewegung auf einen Blick nicht wahrzunehmen. Doppler versuchte, eine ursächliche Beziehung zwischen der Bewegung und den Farbunterschieden von Doppelsternen zu ermitteln. Wenn die Erde sich zufällig in der Bahnebene der beiden Sterne befinde, überlegte er, dann müsse sich in jedem gegebenen Augenblick einer der Sterne nähern und der andere entfernen. Aus diesem Gedanken entwickelte er, was wir heute unter der Bezeichnung «optischer Doppler-Effekt» kennen: Eine Lichtquelle sieht blauer als normal aus, wenn sie sich dem Beobachter nähert, und röter, wenn sie sich von ihm entfernt.

Neben den Doppelsternsystemen bezog Doppler auch andere Sterne mit deutlich erkennbaren Farben in seine Überlegungen ein: Könnten sie ihre Farbtönung nicht dem gleichen Prinzip verdanken, wenn sie sich auf die Erde zu- oder von ihr fortbewegen? Doch während das Dopplersche Gesetz stimmt, ist diese Erklärung der Sternenfarben falsch. Den Effekt, der den Namen seines Entdeckers trägt, gibt es wirklich, doch die Farben der Sterne, ob gepaart oder einzeln stehend, haben einen anderen Ursprung. Um diesen scheinbaren Widerspruch aufzulösen, müssen wir das Problem quantifizieren. Sterne, die sich uns nähern, sehen in der Tat blauer aus, doch in so winzigem Ausmaß, daß nur sehr empfindliche Instrumente die Veränderung messen können. Die wahre Ursache für das gelbe, rote oder blaue Erscheinungsbild eines Sterns hängt mit seiner Zusammensetzung und seiner Temperatur zusammen, nicht mit seiner Bewegung. Diese starke Eigenfärbung überlagert die winzige Verschiebung, die auf den Doppler-Effekt zurückgeht.

Dopplers Artikel über die Farbe von Sternen war Auslöser des Experiments auf der Eisenbahn. Doppler selbst hatte auf die Verbindung zwischen zwei Phänomenen hingewiesen, die scheinbar so verschieden sind – dem Ton von Trompeten und dem Licht von Sternen: Beide werden durch Wellen beschrieben. Während die Wellennatur von Schall und Licht alles andere als offenkundig ist, sind uns Wellen an sich durchaus vertraut. Wir erblicken sie im Meer, im bernsteinfarbenen Kornfeld, über das der Wind streicht, in flatternden Fahnen und in Kerzenflammen, die im Luftzug flackern. Auf den empfänglichen Beobachter übt ihre harmonische Regelmäßigkeit eine beruhigend-hypnotische Wirkung aus.

Wellen stellen eine merkwürdig flüchtige Bewegungsform dar, und darin liegt ihre Faszination. Unermüdlich bewegen sie sich und sind insofern ein perfekter Beleg für Heraklits Maxime, daß nichts von Dauer ist und alles sich verändert – alles ist Fluß und Wiederkehr ohne Anfang und Ende. Beispielsweise branden die Wellen an den Strand –

Stunde um Stunde, Tag um Tag, Jahrhundert um Jahrhundert –, doch weder sammelt sich das Wasser auf dem Strand, noch wird das Meer weniger. In einer Meereswoge hüpfen die Wassermoleküle hoch und nieder, vorwärts und zurück, wobei sie wieder und wieder zu ihrer Ausgangsposition zurückkehren. Die Ähren des Weizens und das Gewebe einer Fahne werden von der Wellenbewegung nicht fortgetragen, trotzdem streben die Wellen unaufhaltsam vorwärts. Im Gegensatz dazu hat die Bewegung eines Balls oder eines Projektils einen Anfang und ein Ende; am Ende der Bewegung hat ein solches Objekt einen Punkt verlassen und einen anderen erreicht.

Daß der Schall aus Wellen besteht, ist leicht nachvollziehbar, weil wir sie fast fühlen oder sehen können. Die tiefsten Töne einer Orgel erschüttern den Körper spürbar. Irgendeine periodische Störung, irgendeine Schwingung muß sich von der Orgelpfeife auf den Hörer übertragen. Laute Musik läßt Körper, Möbel und Wände ohne irgendeinen zusätzlichen Stoff erzittern. Dabei schwingen nicht nur die Schallempfänger, sondern auch die Schallquellen. Eine Violinsaite, eine Stimmgabel und die Membran eines Lautsprechers sind sichtbar in Bewegung, wenn sie Töne aussenden. Diese wiederum erschüttern die Luft, welche die periodische Störung zum Ohr transportiert.

Um Schall zu übertragen, wird ein Medium wie Luft oder Wasser benötigt – im Vakuum herrscht absolute Stille. Im achtzehnten Jahrhundert, als Vakuumpumpen beliebte Spielzeuge in den europäischen und amerikanischen Salons waren, brachte man kleine Glöckchen in den Glasbehältern der Pumpen an, ihr Klingeln wurde schwächer und war schließlich überhaupt nicht mehr zu vernehmen, wenn man die Luft aus ihrer Umgebung entfernte. So könnte man sich vorstellen, daß das betäubende Getöse, welches die kochenden, brodelnden Gase an der Oberfläche der Sonne verursachen, auf der Erde als ständig murmelnde Geräuschkulisse zu vernehmen wäre, die mit dem Tageslicht an- und abschwölle, wenn der interplanetarische Raum mit irgendeinem Fluidum gefüllt wäre, anstatt fast vollkommen leer zu sein.

Also ist der Schall eine Welle, die in der Luft auf die gleiche Weise hervorgerufen wird wie die Welle auf dem Wasser in einem Waschbecken, in das wir einen Finger tauchen. Solange die verursachende Bewegung anhält, setzt sich die Welle fort. Beim Schall werden die Moleküle in der Nähe der Quelle aufgewirbelt, stoßen auf ihre Nachbarn und übertragen so die Störung quer durchs Zimmer, bis die Moleküle nahe dem Ohr erreicht sind und ihrerseits das Trommelfell bombardieren. Kein Luftstrom begleitet die Ausbreitung der Schallwelle – nur eine lokale Schwingung des Trägermediums.

Auch das Licht besteht aus Wellen, allerdings ist der Beweis für diese Behauptung weniger evident als beim Schall. Jahrhundertelang stritten zwei Ideen um die Vorherrschaft: auf der einen Seite die Korpuskulartheorie, die die Existenz winziger Lichtteilchen postuliert, und auf der anderen Seite die Wellentheorie. Ein gutes Argument für erstere ist die Fähigkeit des Lichts – im Gegensatz zum Schall –, ein Vakuum zu durchqueren. Da es im All keine Luft gibt, das Licht ferner Sterne aber trotzdem die Erde erreicht, erscheint es somit durchaus vernünftig, sich das Licht als einen Teilchenstrom vorzustellen. Denn wenn es wirklich eine Schwingung gibt, welches Medium schwingt dann?

Und doch verhält sich das Licht wie eine Welle. Bester Beleg für diese Auffassung ist das Phänomen der destruktiven Interferenz. Wellen besitzen die einzigartige Fähigkeit, einander aufzuheben. Wenn zwei gleiche Meereswellen so aufeinandertreffen, daß die Kämme der einen mit den Tälern der anderen zusammenkommen und umgekehrt, ist unter dem Strich das Ergebnis am Ort des Zusammentreffens eine glatte Meeresoberfläche. Gewiß, sobald sie einander durchquert haben, werden die ursprünglichen Wellen wiederhergestellt, und alle Energie, die an einer Stelle verschwunden ist, taucht an einer anderen wieder auf. Trotzdem bleibt die Tatsache bestehen: Zwei Wellen können eine Region ohne jede Störung erzeugen. Auch Teilchenströme können einander durchqueren, aber sie sind nicht in der Lage, sich gegenseitig aufzuheben. Die Gleichung Welle + Welle = null kann unter bestimmten Bedingungen richtig sein. Die entsprechende Gleichung Teilchen + Teilchen = null ist immer falsch.

Destruktive Interferenz läßt sich bei allen Wellen beobachten, wenn man weiß, wo man nach ihr zu suchen hat. Für das Licht gibt es ein einfaches Experiment, das nicht weiter als Ihre Nasenspitze entfernt ist. Suchen Sie sich eine helle Lichtquelle in Form einer Linie – zum Beispiel eine Glühlampe mit einem einzigen geraden Leuchtfaden. Doch auch eine punktförmige Quelle, etwa eine helle Glühlampe in einiger Entfernung in nächtlicher Dunkelheit, leistet fast genauso gute Dienste. Halten Sie nun den Zeige- und Mittelfinger Ihrer rechten Hand so vor Ihr rechtes Auge, daß sie einander fast berühren und einen kurzen Abstand zum Auge haben. Stabilisieren Sie sie, indem Sie ihre Spitzen mit der linken Hand festhalten. Beobachten Sie nun das Licht durch die beiden Finger, und zwar dort, wo der Spalt am schmalsten ist.

Das Licht zeigt sich in alternierenden schwarzen und hellen Streifen, auf beiden Seiten der Finger symmetrisch angeordnet und parallel zu den Fingern verlaufend. Diese Streifen sind weder Trugbilder Ihrer

Phantasie noch Abbilder Ihrer Wimpern, noch sind sie auf die Beschaffenheit des Auges zurückzuführen. Wenn der Spalt zwischen den Fingern schmaler wird, weichen die Streifen auseinander; wird er breiter, rücken sie näher zusammen – bis sie zwischen deutlich getrennten Fingern im Bild der Glühlampe verschwinden.

Die hellen Streifen sind vielmehr ein Beweis für die konstruktive Interferenz: Wellenkämme treffen aufeinander und bilden noch höhere Wellen. Von entscheidender Bedeutung sind dabei vor allem die dunklen Bänder – sie werden hervorgerufen durch die destruktive Interferenz von Lichtquellen, die das Auge von verschiedenen Teilen des Spalts zwischen den Fingern erreichen, und sie lassen sich nicht mit Hilfe der Korpuskulartheorie erklären. Wenn Teilchen für die hellen Streifen verantwortlich wären, würden sie auch die dunklen Bereiche füllen, so daß kein Streifenmuster zu erkennen wäre. So kann ein Blick zwischen Ihren Fingern hindurch die unsichtbare Struktur des Lichts vor Augen führen.

Die Interferenz läßt also darauf schließen, daß das Licht aus Wellen besteht, aber die Korpuskulartheorie, die erstmals in der Antike von den griechischen Atomisten vorgeschlagen wurde, ist deswegen keineswegs tot. 1905 hat Albert Einstein darauf hingewiesen, daß es bestimmte Atomexperimente gibt, in denen sich das Licht nicht wie eine Welle, sondern weit eher wie ein Teilchen verhält. In solchen Fällen erscheint es in diskreten Bündeln, die identische, festgelegte Energiebeträge transportieren, Druck auf das Objekt ausüben, auf das sie treffen, und kleine Räume in Anspruch nehmen – kurzum, sie verhalten sich nicht wie Wellen, sondern eher wie Regentropfen auf einem See.

Dieser Sachverhalt klingt paradox: Für Licht läßt sich sowohl eine wellen- als auch eine teilchenförmige Gestalt nachweisen. Offenbar haben beide Seiten dieses altehrwürdigen Disputs recht. Aus dem Dilemma führt nur ein radikaler Weg: Wir müssen unsere Perspektive erweitern und beide Ansichten gleichzeitig akzeptieren. Nur die makroskopische Welt läßt scharfe Grenzen zwischen Wellen und Teilchen erkennen. In der mikroskopischen Welt der Atome verschwimmt dieser Unterschied, so daß beide Beschreibungen auf denselben Gegenstand angewendet werden müssen. Die Situation erinnert an die Entdeckung des Schnabeltiers. Als die Forschungsreisenden von einem Säugetier berichteten, das Eier legt, höhnte die Gelehrtenwelt: Reptilien seien Reptilien und Säugetiere seien Säugetiere; ein Tier könne nicht beides zugleich sein. Doch die Natur ist voller Wunder, die sich die Menschen nicht träumen ließen, bevor sie ihrer ansichtig wurden. Das Schnabeltier gibt es tatsächlich. Es zeigt die Merkmale von Säugetieren und Reptilien und überschreitet die Grenzen aller Kategorien, die man vor seiner Entdeckung festgelegt hatte. Entsprechend wird das Licht als Teilchen wie als Welle beschrieben.

Auch das Umgekehrte gilt: Ebenso wie das Licht Teilchencharakter besitzt, zeigen Atome und die Teilchen, aus denen sie bestehen, wellenartiges Verhalten. Man hat Experimente, die dem Blick zwischen den Fingern hindurch analog sind, mit Elektronen durchgeführt und beobachtet, daß diese Teilchen, genauso wie Wellen, Interferenzen erkennen lassen. Die Geschichte der Physik im zwanzigsten Jahrhundert ist in großen Teilen die experimentelle und theoretische Ausarbeitung dieser Dualität von Wellen und Teilchen. Begriffe wie *Wellenmechanik, Wellengleichung* und *Wellenfunktion* haben die Newtonschen Bezeichnungen *Bewegungsgleichung* und *Teilchenmechanik* aus dem Wortschatz der Atom- und Kernphysiker verdrängt.

Das Wellenkonzept hat sich in der Physik als sehr einflußreich erwiesen. Das Bild von der Dünung des offenen Meeres und den Wellen eines Sees ist auf den Schall und das Licht übertragen worden, wo es sich zwangsläufig nur noch indirekt nachweisen ließ, und von dort auf die subatomare Welt, wo es zu einer mathematischen Metapher wurde, zu einem Modell, aus dem sich zwar überprüfbare Voraussagen ableiten lassen, bei dem aber die unmittelbare Sinneserfahrung von Wellen in unserer alltäglichen Welt gänzlich fehlt.

Die Analogie von Schall und Licht veranlaßte Doppler zu der Annahme, man könne das eine Phänomen anstelle des anderen verwenden, um seine Vorhersage in bezug auf bewegliche Quellen zu überprüfen. Das Experiment läßt sich allerdings nur auswerten, wenn man die Wellen quantifiziert. Den natürlichen Phänomenen müssen Zahlen zugeordnet werden, bevor der Physiker sie mathematisch analysieren kann, wobei die beiden Zahlen, die zur Charakterisierung von Wellen dienen, Geschwindigkeit und Frequenz sind. Die Geschwindigkeit einer Welle ist, wie die eines Autos, einfach die Entfernung, die jeder Wellenkamm in einem gegebenen Zeitintervall zurücklegt. Die Frequenz hingegen entspricht der Zahl der Wellenkämme, die in diesem

Zeitraum an einem stationären Beobachter vorüberziehen; sie läßt erkennen, wie dicht ein Kamm auf den anderen folgt. Eine hohe Frequenz bedeutet kleine Abstände, eine niedrige Frequenz größere Abstände zwischen den aufeinanderfolgenden Minima und Maxima. Bei Schallwellen gibt es einen intuitiv einleuchtenden Zusammenhang zwischen Frequenz und Tonhöhe: Hohe Frequenzen bedeuten hohe Tonlagen. Das Heulen einer Kreissäge, die sich in ein Holzbrett frißt, nimmt zum Beispiel eine höhere Tonlage an, wenn sich die Geschwindigkeit des Sägeblattes und damit zwangsläufig auch die Frequenz erhöht, mit der die Zähne auf das Holz treffen. Beim Licht ist der Zusammenhang zwischen der Frequenz und der Farbe weniger einleuchtend. Die Frequenz einer Welle von blauem Licht ist hoch, die einer Welle von rotem Licht niedrig.

Radio- und Fernsehsignale bestehen aus ähnlichen Wellen wie das Licht. Sie bewegen sich mit der gleichen Geschwindigkeit, unterscheiden sich aber in ihrer Frequenz von Sender zu Sender. AM-Frequenzen werden in tausend Schwingungen pro Sekunde gemessen, FM-Frequenzen dagegen in Millionen Schwingungen pro Sekunde. Die moderne Bezeichnung für eine Schwingung pro Sekunde ist *Hertz*, zu Ehren des Entdeckers der Radiowellen, wobei man AM-Frequenzen in Kilohertz, abgekürzt *kHz*, und FM-Frequenzen in Megahertz, *MHz*, angibt. Auch den Fernsehkanälen sind bestimmte Frequenzen zugeordnet, doch die Kanalzahlen sind beliebig und bringen, anders als beim Radio, keine physikalisch relevanten Größen zum Ausdruck.

Mit Hilfe des Frequenzkonzepts läßt sich der Doppler-Effekt leicht verstehen. Stellen Sie sich einen Meeresstrand mit regelmäßigen Brandungswellen vor. Wenn durchschnittlich sechs Wellen in der Minute am Strand eintreffen, dann hat das Meer eine Frequenz von sechs Kämmen pro Minute. Fährt ein Motorboot vom Strand aufs offene Meer hinaus, so zerschneidet sein Bug mehr als sechs Wellen pro Minute. Ein Insasse des Bootes könnte eine höhere Frequenz beobachten, wenn er sich der Quelle (dem offenen Meer) näherte und sich nicht landwärts von ihr entfernte. Führe das Boot hingegen in Richtung Strand, bewegte es sich also mit den Wellen und wäre dabei langsamer als diese, dann zögen weniger als sechs Wellen pro Minute an seinem Bug vorbei.

Der Doppler-Effekt besagt, daß sich für einen Beobachter, der sich einer Quelle nähert, die Frequenzen erhöhen, während sie für einen

Beobachter, der sich von ihr entfernt, sinken. Beim Schall bedeutet dies eine Veränderung der Tonhöhe, beim Licht eine Veränderung der Farbe, beim Radioempfang eine Änderung auf der Einstellskala. Im Falle einer Annäherung an die Quelle bringt diese Veränderung höhere Töne, blauere Farben und höhere Frequenzen; rötere Farben, tiefere Töne und niedrigere Frequenzen hingegen im Falle einer Entfernung von der Quelle. Die Erklärung gilt für Schall-, Licht-, Radio-, Meeres- und Teilchenwellen ebenso wie für die unzähligen anderen Wellen-erscheinungen der Welt.

Zwar hat Buys Ballot bewiesen, daß es den akustischen Doppler-Effekt gibt, doch die Natur bediente sich seiner schon lange, bevor der erste Zug Utrecht verließ. So senden Fledermäuse zum Beispiel sehr hohe Töne aus, die vom Ziel abprallen und zum Sender zurückgewor-fen werden. Die Zeit, die verstreicht, bis das Tier das Echo wahrnimmt, gibt die Entfernung zum Ziel an. Zusätzlich analysiert das Gehirn der Fledermaus die Tonhöhe des Echos. Ist sie höher oder tiefer als der ausgesandte Ton, ist der Doppler-Effekt am Werke, und die Fleder-maus kann daraus die Geschwindigkeit des Objekts relativ zu ihr selbst herleiten. Genauso verfährt die Polizei bei ihren Geschwindigkeitskon-trollen, nur daß sie Radiowellen anstatt akustischer Signale benutzt, um Geschwindigkeitsübertretungen zu erfassen. In beiden Fällen sind nur die Ergebnisse entscheidend; weder Fledermäuse noch Polizisten müssen dazu den Doppler-Effekt verstehen.

Seltsamerweise findet der Doppler-Effekt seine breiteste Anwen-dung in der Astronomie, und zwar in einer Weise, die sein Entdecker keineswegs beabsichtigt hatte. Die im Sternenlicht vorkommenden Frequenzen lassen sich exakt mit Hilfe eines Prismas bestimmen, das einen einfallenden Strahl in ein Spektrum zerlegt. Wenn das Spektrum alle Farben des Regenbogens enthielte, hätte der Doppler-Effekt keine merkliche Wirkung, da jede Farbe, die durch eine kleine Verschiebung aus ihrer ursprünglichen Position gerückt wäre, durch eine andere Farbe ersetzt würde, die durch die gleiche Verschiebung den leeren Platz einnähme. Da es unsichtbare Strahlung jenseits beider Enden des sichtbaren Spektrums gibt, wäre selbst die Verschiebung der Enden nicht wahrnehmbar. Das Doppler-verschobene Spektrum sähe genau wie das normale aus. Nun ist das Spektrum von Sternenlicht glück-licherweise alles andere als gleichförmig. Statt ein Kontinuum von

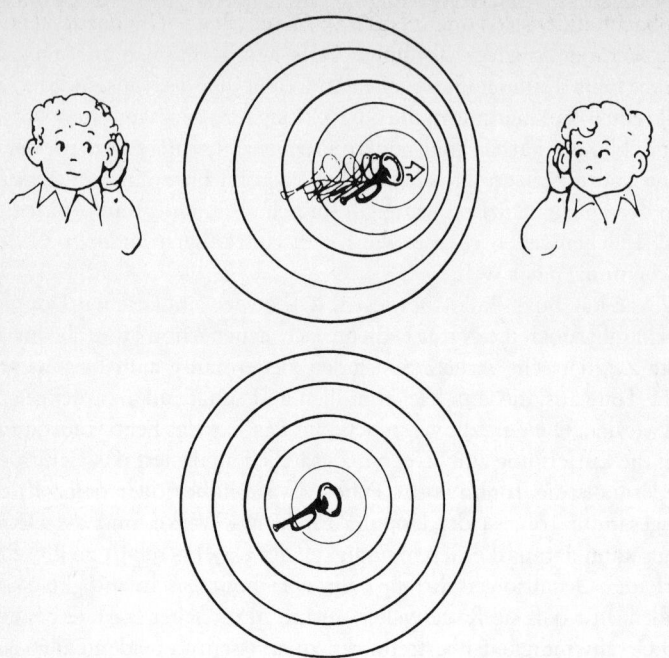

Regenbogenfarben von gleicher Intensität zu emittieren, bevorzugt es einige wenige Einzelfarben. Von einem Prisma zerlegt, zeigt ein Sternenlichtstrahl einzelne, deutlich getrennte, helle Farblinien vor einem Hintergrund von allgemeiner Blässe. Jede Linie stammt von einem speziellen Element auf der heißen Oberfläche des Sterns, und jede von ihnen hat eine bestimmte Normalfrequenz, die im Labor gemessen werden kann. Wenn der Stern in Bewegung ist, wird jede Linie gegenüber ihrer normalen Position um einen meßbaren Betrag verschoben, der die Geschwindigkeit des Sterns angibt. Durch die Kombination diskreter Spektren und des Doppler-Effekts liefert die Natur einen Tachometer für Sterngeschwindigkeiten.

Nicht nur Sterne, sondern auch Sternenhaufen und ganze Galaxien emittieren diskrete Spektren. Da die Materie des Universums größtenteils aus Wasserstoff besteht, herrschen die Farben vor, die für dieses

Element charakteristisch sind. Dieses Linienmuster kennt der Astrophysiker wie seine Westentasche. Zu Beginn des zwanzigsten Jahrhunderts wurde in den Spektren von Galaxien eine überraschende Regelmäßigkeit entdeckt: Ausnahmslos werden alle zum Rot hin verschoben. Als man die Galaxien nach ihrer Entfernung zur Erde ordnete, entdeckte man einen noch faszinierenderen Zusammenhang: Je weiter eine Galaxie von uns entfernt liegt, desto größer ist ihre Rotverschiebung. Dies bedeutet unter Berücksichtigung des Doppler-Effekts, daß sich alle Galaxien mit Geschwindigkeiten von der Erde entfernen, die mit dem Abstand von ihr zunehmen. Wir scheinen die Parias des Universums zu sein.

Ein einfaches, fast triviales Modell rückt diese beunruhigende Entdeckung wieder in ein normales Licht. Wir binden ein Gummiband von zehn Zentimeter Länge an einem Ende fest. Am anderen Ende ziehen wir, so daß sich das Band dehnt. Nehmen wir an, das Band dehnt sich in einer Sekunde um das Doppelte, so beträgt die Geschwindigkeit des freien Endes zehn Zentimeter in der Sekunde. Die Geschwindigkeit des Punktes, der auf der Hälfte des Bandes liegt, nämlich in fünf Zentimeter Entfernung vom festgebundenen Ende, und der sich bis zu einem Punkt bewegt, der zehn Zentimeter vom festgebundenen Ende entfernt liegt, beträgt nur fünf Zentimeter pro Sekunde. Also bewegt sich jeder Punkt des Bandes mit einer Geschwindigkeit, die sich proportional zu seiner Entfernung vom festgebundenen Ende verhält. Übertragen wir dieses eindimensionale Beispiel auf einen riesigen dreidimensionalen Kuchen, in dem die Rosinen wie Galaxien angeordnet sind. Für den Fall, daß der ganze Kuchen gleichförmig expandieren kann, ergibt sich ein plausibles Modell des Universums. Ein Beobachter, der auf einer der Rosinen hockt, wird feststellen, daß sich alle anderen Rosinen mit einer Geschwindigkeit entfernen, die davon abhängt, wie weit sie von ihm entfernt sind. Besonders interessant ist der Umstand, daß diese Beobachtung auf jeder Rosine zu machen ist, unabhängig von ihrer Position innerhalb des Kuchens.

Die Schlußfolgerung ist eine der anmaßendsten wissenschaftlichen Erklärungen, die sich armselige Sterbliche, im gemütlichen Ohrensessel am Kamin sitzend, jemals ausgedacht haben: Das Universum expandiert. Wie der leiser werdende Ruf eines entfernten Zugsignals, dessen Ton mit der Geschwindigkeit des entschwindenden Zuges tiefer wird, schickt uns der blasse Schimmer einer fernen Galaxie, durch den Doppler-Effekt gerötet, einen Abschiedsgruß durch die unvorstellbare Weite des Weltraums. Auf dem verwirrenden Gebiet der Kosmologie, wo Fragen nach der Größe des Universums, dem Wesen seiner Grenzen, dem Anfang und dem Ende der Zeit, der Krümmung des Raums und der Lebensdauer der Sterne das Vorstellungsvermögen von Fachleuten wie Laien überschreiten, steht eine Tatsache unumstößlich fest: Unabhängig von all seinen anderen Eigenschaften dehnt sich das Universum aus.

Von den Trompetenklängen auf der Strecke von Utrecht nach Maarsen bis zu den Grenzen des Universums, von den sturmgepeitschten Wogen des Pazifischen Ozeans bis hin zu den Radarfallen in unseren Vorstädten, von den schrillen Rufen der Fledermäuse bis hin zu den Elementarteilchen, die den winzigen Kern des Atoms bilden, folgen Wellen immer den gleichen Gesetzen. Die Tatsache, daß sich ihr Verhalten durch dieselben mathematischen Gleichungen beschreiben läßt, zeigt, daß der Vergleich eine reale Grundlage und nicht nur metaphorische Bedeutung hat. Die ungeheure Reichweite der Physik ist einer der Aspekte, die sie von anderen Feldern menschlicher Aktivität abheben. Es gelten die gleichen Gesetze für Gegenstände, deren Größe sich vom Durchmesser eines Protons bis zum Radius des bekannten Kosmos erstreckt, das heißt für Objekte, die sich in ihrer Ausdehnung durch einen Faktor von 10^{40}, einer Eins mit vierzig Nullen, unterscheiden. Die gleiche Gravitation, die das Universum zusammenhält, wirkt auch zwischen benachbarten Atomen. Der Milchwirbel in einer Tasse bewegt sich genauso wie der Gaswirbel in einer Galaxie. Die Kollision von Sternen, aus der Ferne beobachtet, ist kaum anders als die Kollision von Billardkugeln oder Atomkernen.

Im Gegensatz dazu ist die Reichweite anderer Disziplinen sehr begrenzt. Nationale Gesetze haben wenig mit Verhaltensregeln in Familien gemein, obwohl das Größenverhältnis hier nur durch einen Faktor von eins zu, sagen wir, einhundert Millionen oder 10^8 bestimmt wird. Die Wirtschaft eines australischen Dorfes ist kaum mit der japanischen Wirtschaft zu vergleichen. Ein auf Elefanten spezialisierter Biologe hat wenig, worüber er sich mit einem Bakteriologen unterhalten kann, obwohl allen Organismen die gleichen chemischen und genetischen Prozesse zugrunde liegen.

In enger Beziehung zur unermeßlichen Reichweite der Physik steht die entscheidende Rolle, die der Mathematik als ihrer Sprache zufällt. Die Mathematik ist ein in sich schlüssiges und streng geordnetes System. Mit ihrer Hilfe findet die Physik widerspruchsfreie und geordnete Muster in der chaotischen Welt der Praxis – oder zwingt sie ihr auf. Dort, wo sowohl Gemeinsamkeiten als auch Unterschiede bestehen, betont sie erstere und verkleinert letztere. Durch die Suche nach dem Fundamentalen erfaßt die Physik das Universelle.

Die Universalität der physikalischen Gesetze gilt nicht nur für den Raum, sondern auch für die Zeit. Zu den notwendigen Glaubensartikeln der Physiker gehört die Überzeugung, daß überall im Universum die gleichen fundamentalen Gesetze herrschen und sich seit Anbeginn der Zeit nicht verändert haben. Ohne diese Annahmen – oder Themata – gäbe es keine Kosmologie. Würde sich Newtons Gravitationsgesetz oder die Wellenbeschreibung von Ort zu Ort verändern oder hätten sie sich, wie die Gesetze der Menschen, im Laufe der Geschichte gewandelt, dann hätten keine gültigen Schlüsse über das Universum gezogen werden können, denn alle Daten, die vorliegen, können immer nur anhand dessen gedeutet werden, was hier und jetzt bekannt ist. In der Kosmologie sind die Fragen von Ort und Zeit eng miteinander verknüpft, weil das Licht viel Zeit benötigt, um von den fernsten Galaxien zur Erde zu gelangen. «In-weiter-Ferne» und «Vor-langer-Zeit» verschmelzen miteinander, und wir gehen davon aus, daß die Physik dort genauso ist, wie wir sie hier kennen.

Wenn das Verhältnis zwischen Bewegung und Frequenz, das Doppler theoretisch hergeleitet und Buys Ballot bewiesen hat, schon vor zehn Milliarden Jahren an einem Ort gültig war, der heute zehn Milliarden Lichtjahre entfernt ist, dann beweist die Rotverschiebung, daß das Universum expandiert. So betrachtet, gewinnt der seltsame kleine Vorfall in der Nähe von Utrecht eine Bedeutung von geradezu kosmischen Ausmaßen. Umgekehrt ist die Erkenntnis faszinierend, daß sich die Struktur des Universums dem menschlichen Verstand offenbart und unter Verhältnissen erkennbar wird, die so alltäglich sind wie die Verwendung einer Trompete oder eines Güterwagens.

Wirbeltanz

Und die Wasser nahmen überhand und wuchsen so sehr auf Erden, daß alle hohen Berge unter dem ganzen Himmel bedeckt wurden. Fünfzehn Ellen hoch gingen die Wasser über die Berge, so daß sie ganz bedeckt wurden. Da ging alles Fleisch unter, das sich auf Erden regte, an Vögeln, an Vieh, an wildem Getier und an allem, was da wimmelte auf Erden, und alle Menschen.

In einigen knappen Versen beschreibt das erste Buch Mose die Vernichtung der Welt. Nur eine rege Phantasie, unterstützt durch das gezielte Bemühen, den Schrecken zu erahnen, der sich hinter diesen kargen Zeilen verbirgt, kann uns eine Vorstellung vom Ausmaß der Katastrophe vermitteln. In jüngerer Zeit haben Schriftsteller und Filmregisseure solche Versuche unternommen, indem sie die schwer verständlichen technischen Statistiken über Kernexplosionen mit all den entsetzlichen Einzelheiten ausschmückten, die die nachfolgende Verwüstung aufweisen würde. Lange vor ihnen, als die Vernichtung der Menschheit noch ausschließlich göttliches Privileg war, beflügelten Sintflut und Jüngstes Gericht die schöpferische Phantasie empfindsamer Künstler, die ihre Ängste in Malerei, Dichtkunst und Musik zum Ausdruck brachten.

Einer von ihnen, vielleicht der zielstrebigste überhaupt, war Leonardo da Vinci. Ein Leben lang hat ihn das Wasser fasziniert. Sein Aussehen, die Mannigfaltigkeit seiner Bewegungen, seine Verwendung in Bewässerungstechnik und Schiffahrt, seine Lebensnotwendigkeit, seine Zerstörungskraft, sein Kreislauf zwischen Himmel und Erde, seine Farbe, sein Wechselspiel mit Luft und Feuer, seine Schönheit, sein Schrecken – all das machte Leonardo zum Gegenstand seiner künstlerischen und wissenschaftlichen Studien. Eine moderne Sammlung seiner Schriften über das Wasser enthält nahezu tausend Abschnitte und ist dennoch nicht vollständig. Leonardo beobachtete das Wasser gleichzeitig mit dem scharfen Auge des Malers, des Physikers und des Ingenieurs. Später im Leben, in einem Alter, in dem sich die Gedanken stärker Themen wie Tod und Ewigkeit zuwenden, faßte er alle seine Erkenntnisse zusammen und wendete sie auf ein einziges letztes Problem an: die Beschreibung der Sintflut.

Nichts kann ein ausführliches Zitat aus Leonardos Anweisungen zum Malen der Sintflut ersetzen. Sie erfüllen die knappen Bibelverse mit Leben und belegen zugleich eindrucksvoll, wie geschlossen und einheitlich Leonardos künstlerische und wissenschaftliche Sehweise war.

Man sah die finstere und neblige Luft vom Lauf entgegengesetzter Winde bekämpft und vom fortgesetzten Regen eingehüllt und vermengt mit Hagel, welche Winde bald hier, bald dort zahllose Verzweigungen der zerfetzten Pflanzen und vermischt mit ungeheuer viel Blättern trugen. Rings herum sah man die alten Bäume entwurzelt und zerbrochen von der Wut des Sturmes. Man sah die Ruinen der Berge, schon bloßgelegten Fußes, dank dem Lauf ihrer Flüsse, auf dieselben Flüsse in Ruinen stürzen und ihre Täler sperren; welch selbige Flüsse, angeschwollen, [die Ufer] überschwemmten und die vielen Länder samt ihren Völkern unter Wasser setzten.
Auch hattest du auf den Höhen der zahlreichen Gebirge viele verschiedene Gattungen Tiere zusammengedrängt sehen können, voll Entsetzen und nun endlich vertraulich zusammengedrängt, in Gesellschaft der entflohenen Männer und Frauen mit ihren Kindern. Und die mit Wasser bedeckten Ebenen zeigten ihre Fluten zum großen Teil mit Tischen, Bettgestellen, Barken und anderen verschiedenen Geräten bedeckt, welche die Notwendigkeit und die Angst vor dem Tod erzeugt, auf denen Frauen, Männer waren samt ihren zusammengemischten Kindern, mit den verschiedensten Wehklagen und Tränen, entsetzt durch die Wut der Winde, die mit ungeheurem Sturm [das] Wasser von oben nach unten kehrten, nebst der Toten, welche dieses vernichtet hatte. Und es gab keinerlei Ding, leichter denn das Wasser, so nicht bedeckt gewesen wäre mit verschiedenen Tieren, welche Waffenstillstand geschlossen hatten und in angstvoller Gesellung miteinander waren, unter welchen Wölfe, Füchse, Schlangen und allerhand Sorten, vor dem Tod Flüchtige. Und die ganze Flut, an ihre Ufer schlagend, bekämpfte diese mit den verschiedenen Stößen von allerlei Leibern Umgekommener, welch selbige Stöße jene töteten, denen noch Leben geblieben war. Einige Ansammlungen von Menschen hättest du sehen können, die mit gewaffneter Hand die kleinen Flecke, so ihnen geblieben, gegen Löwen, Wölfe und reißende Tiere verteidigten, welche da ihr Heil suchten…

Man sah die Herden von Tieren, wie Pferde, Ochsen, Ziegen, Schafe, schon umgeben vom Wasser und auf einer Insel auf den hohen Gipfeln der Berge geblieben, sich zusammenzwängen und die in der Mitte sich emporheben und auf die anderen steigen und unter ihnen großen Streit erregen, von denen eine Menge aus Mangel an Nahrung starben.

Und schon setzten die Vögel sich auf die Menschen und anderen Tiere, weil sie nicht mehr entblößte Erde fanden, die nicht von Lebenden eingenommen war; schon hatte der Hunger, Minister des Todes, einem großen Teil der Tiere das Leben geraubt, als die toten Körper, bereits in Gärung übergegangen, sich vom Grund der tiefen Wasser hoben und heraufkamen. Und zwischen den kämpfenden Wogen, auf welchen eins das andere gegenseitig hin- und herstieß und wie mit Wind gefüllte Bälle zurücksprang vom Orte des Stoßes, machten diese sich zur Unterlage besagter Toten.

Im Anschluß an die ergreifende Beschreibung dieser Leiden erläutert er die technischen Details:

Aber das angeschwollene Wasser gehe wirbelnd durch den See, der es in sich verschließt, und mit kreisenden Strudeln gegen verschiedene Objekte prallend und mit schlammigem Schaum in die Luft aufspringend und im Zurückfallen das gepeitschte Wasser in die Luft zurückwerfend. Und die Kreiswellen, die vom Ort des Stoßes wegfliehen, mit ihrem Anstoß quer über die Bewegung der andern Kreiswellen hinweggehend, die sich ihnen entgegenbewegen; und nach dem vollzogenen Anprall steigen sie wieder in die Höhe, doch ohne sich von ihrer Basis abzutrennen. Und beim Austritt des Wassers aus selbigem See sieht man die aufgelösten Wellen sich gegen den Ausgang zu strecken, nach welchem es, durch die Luft abstürzend oder hinabfließend, Gewicht und ungestüme Bewegung bekommt, worauf es das durchgewühlte Wasser, es durchdringend, vor sich öffnet und mit Wut zum Anprall des Bodens vordringt, von welchem, dann zurückgeworfen, es gegen die Oberfläche des Sees zurückspringt, von Luft begleitet, die mit ihm untergetaucht war und mit dem Schaum beim Ausfluß bleibt, untermengt mit Holzstücken und andern Sachen, die leichter sind als das Wasser, rings um welche die Wellen ihren Ursprung nehmen, die um so mehr an Umfang wachsen, je mehr sie an Bewegung zunehmen: und diese Bewegung macht sie um so niedriger, je breitere Basis sie erwerben, und dadurch sind sie weniger bemerkbar in ihrem Schwinden. Aber wenn die Wellen an den verschiedenen Dingen abprallen, so springen sie zurück, über die herankommenden andern Wellen weg, indem sie das Anschwellen derselben Kurve beobachten, die sie erreicht hätten, wenn sie die schon begonnene Bewegung weiter verfolgt hätten.

Aber der Regen, im Herabfallen aus seinen Wolken, hat die gleiche Farbe wie selbige Wolken, das heißt, in seinem schattigen Teil, wenn nicht die Strahlen der Sonne ihn schon durchdringen: denn sofern dies wäre, würde der Regen sich von minderer Dunkelheit erweisen als dieselbige Wolke. Und wenn die großen Gewichte der ungeheueren Trümmer großer Berge oder sonstiger hoher Gebäude in ihrem Zerfall die großen Seen aufwühlten, dann würden große Massen Wasser in die Luft zurückspringen, von welchem die Bewegung sich in entgegengesetzter Richtung von jener vollzöge, welche die Bewegung der das Wasser durchstoßenden Massen gehabt, das heißt, im Reflexionswinkel, und dieser wäre gleich dem Einfallswinkel.

Ungefähr fünf Jahre nach Niederschrift dieses Textes starb Leonardo, ohne seinen Plan ausgeführt zu haben. Immerhin hinterließ er eine große Zahl von Zeichnungen und Entwürfen, von denen zwei seine Schilderungen sehr lebendig illustrieren. Die erste ist die technische Zeichnung eines Wasserstrahls, der aus einem Rohr in einen Kanal fließt und dort einen Strudel erzeugt. Die zweite zeigt die Sintflut. Trotz der gewaltigen Unterschiede beider Motive sind die Gemeinsamkeiten unübersehbar.

Der Wasserstrudel sieht aus, als solle er demonstrieren, was Leonardo in unserem Zitat sprachlich ausgeführt hat: wie man die Sintflut zu malen hat. Am auffälligsten sind die Spiralen, die aus langen, weichen Kurven bestehen, gefolgt von schmalen Wirbeln, ein Motiv, das sich durch alle seine Wasserstudien zieht. Die Spiralen sind zu separaten Strängen gebündelt, ähnlich wie Muskeln und Arterien in den anatomischen Zeichnungen. In beiden Fällen klärt und trennt der Intellekt des Künstlers die einzelnen Elemente, die für das ungeübte Auge wie ein wildes und verwirrendes Durcheinander von Schaum oder Fleisch aussehen. Natürlich war Leonardo sich darüber im klaren, daß Fleisch, Blutgefäße, Muskeln, Knochen, Nerven und Sehnen tatsächlich in getrennten Strängen verlaufen, während fließendes Wasser dies nicht tut. Die Bewegung einer klaren Flüssigkeit ist nicht sichtbar, doch wie Leonardo dargelegt hat, läßt sie sich durch Blätter, Schmutz, Blasen oder andere schwimmende Gegenstände verdeutlichen. In allen seinen Arbeiten verwendet er Stromlinien als verständliche optische Kurzschriftzeichen zur zeichnerischen Darstellung von Flüssen. Die überraschendste Eigenschaft an der Zeichnung des Strudels ist seine Plastizität. Die Wasserbewegung wird gleichzeitig durch waagerechte und senkrechte Wirbel dargestellt. Leonardo führt seinen Bleistift unter die Wasseroberfläche, wohin nur der Blick des geistigen Auges zu dringen vermag. Nimmt das physische Auge oder die Kamera einen Strudel wahr, so ist lediglich das aufgewühlte Wasser an der Oberfläche zu erkennen. Die Zeichnung hingegen illustriert die Worte: «...worauf es das durchgewühlte Wasser, es durchdringend, vor sich öffnet und mit Wut zum Anprall des Bodens vordringt, von welchem, dann zurückgeworfen, es gegen die Oberfläche des Sees zurückspringt, von Luft begleitet, die mit ihm untergetaucht war». Ringe aus Blasen umgeben die kleinen Geysire an den Stellen, wo die wirbelnden Wasserspiralen, vom Boden zurückgeworfen, durch die Oberfläche brechen. Die Zeichnung ist mehr als nur die Momentaufnahme einer wildbewegten Szene; sie ist zugleich eine strömungstheoretische Abhandlung.

Auf der Zeichnung der Sintflut ist eine riesige Regenwolke zu erkennen, aus der das Wasser in dicken Strängen stürzt, die genau wie die Spiralen der Wasserstrudel geformt sind. Die hellen und dunklen Flächen in beiden Bildern und die Einzelelemente, aus denen sie sich zusammensetzen, ähneln sich sehr. Doch während die Studie des Wasserstrudels auf den Betrachter kühl, analytisch und heiter sprudelnd wirkt, erweckt die große Flut einen Eindruck von bedrohlicher Gewalt und wildem Aufruhr.

Während die Umstände und Größenverhältnisse unterschiedlich sind, weisen die Strömungsformen Ähnlichkeiten auf. Intuitiv hat Leonardo ein Prinzip erfaßt, das auch in der modernen Strömungslehre eine entscheidende Rolle spielt. Als Osborne Reynolds 1883 beobachtete, wie Wasser und Farbstoff durch eine Glasröhre flossen, entdeckte er das Ähnlichkeitsgesetz. Wie er feststellte, gleichen sich die Wasserströmungen in zwei Röhren verschiedener Größe, wenn die Strömung in der dickeren Röhre proportional zum Verhältnis der Durchmesser langsamer verläuft. Allgemeiner: Eine rasche Strömung von kleineren Ausmaßen ähnelt einer langsamen Strömung von größerer Ausdehnung. Die Ähnlichkeit gilt auch für andere Fluida, etwa Öl, Farbstoffe, Honig, Gas und Luft. Das Strömungsbild eines trägen, sirupartigen, zähflüssigen Materials gleicht dem eines dünnen Mediums, das langsamer fließt.

Reynolds' überraschendes Prinzip faßt die Bedingungen zusammen, unter denen sich Strömungen von unterschiedlicher Geschwindigkeit, unterschiedlichem Ausmaß und unterschiedlicher Viskosität ähnlich verhalten. Es ermöglicht uns, in einer Kaffeetasse eine spiralförmige Galaxie zu erblicken und im Rauch einer Zigarette einen Tornado. Von diesem Prinzip ausgehend, waren die Gebrüder Wright in der Lage, ihr Flugzeug nach Daten zu konstruieren, die sie in einem Windkanal, nicht größer als ein Brotkasten, erhoben hatten. In mathematischer Form hält es die wichtige Erkenntnis fest, daß die von Künstlern und Wissenschaftlern beobachteten Analogien verschiedener Fluidbewegungen keineswegs zufällig sind. Vielmehr konstituieren sie ein allgemeines Naturgesetz.

Auch unter einfachen Bedingungen lassen sich vielfältige Muster beobachten, etwa wenn eine Flüssigkeit auf einen kreisförmigen Zylinder trifft, der senkrecht zur Strömungsrichtung steht. Diese Situation ergibt sich beispielsweise bei einem Wasserstrudel, der sich am zylindrischen Pfeiler einer Flußbrücke bildet. Solche Wirbel zeichnete Leonardo mit gewohnter Genauigkeit, doch da er ein Naturbeobachter und kein Experimentator war, konnte er nicht erkennen, wie sich das Muster änderte, wenn die Wassergeschwindigkeit oder die Größe des Hindernisses wechselte. Für ihn gab es nur einen Fluß und eine Geschwindigkeit. Doch der moderne Wissenschaftler, ausgestattet mit einem Strömungskanal im Labor und einer Kamera, kann eine Reihe von Momentaufnahmen bei unterschiedlichen Geschwindigkeiten machen und die Fotos dann in Ruhe betrachten.

Eine sehr schöne Sammlung von Fotografien dieser Art hat Milton Van Dyke 1982 in seinem *Album of Fluid Motion* zusammengestellt. Licht, das von Verunreinigungen in der Flüssigkeit reflektiert wird, macht die Strömung sichtbar. Beim Wasser erfüllten Milch, Farbstoff, Aluminiumstaub, Magnesiumspäne und Luftblasen diese Funktion. Ölnebel und Zigarettenrauch wurden benutzt, um der Strömung von Gasen zu folgen. Diese Hilfsmittel ersetzen Leonardos Staub und Blätter und zeigen in Verbindung mit der Kamera unmittelbar, was er in seiner Vorstellung sah und mit Bleistift und Feder festhielt: Flüssige und gasförmige Körper folgen Stromlinien, die zwar keine greifbare Realität besitzen, aber ein fiktives, stationäres Netz bilden, das dem Weg der Strömung entspricht. Darin ähneln sie den Linien, die die Schiffahrtsrouten auf den Weltmeeren kennzeichnen.

Wenn das Wasser extrem langsam fließt, verläuft das Muster der Stromlinien, die um das runde Hindernis herumführen, vollkommen

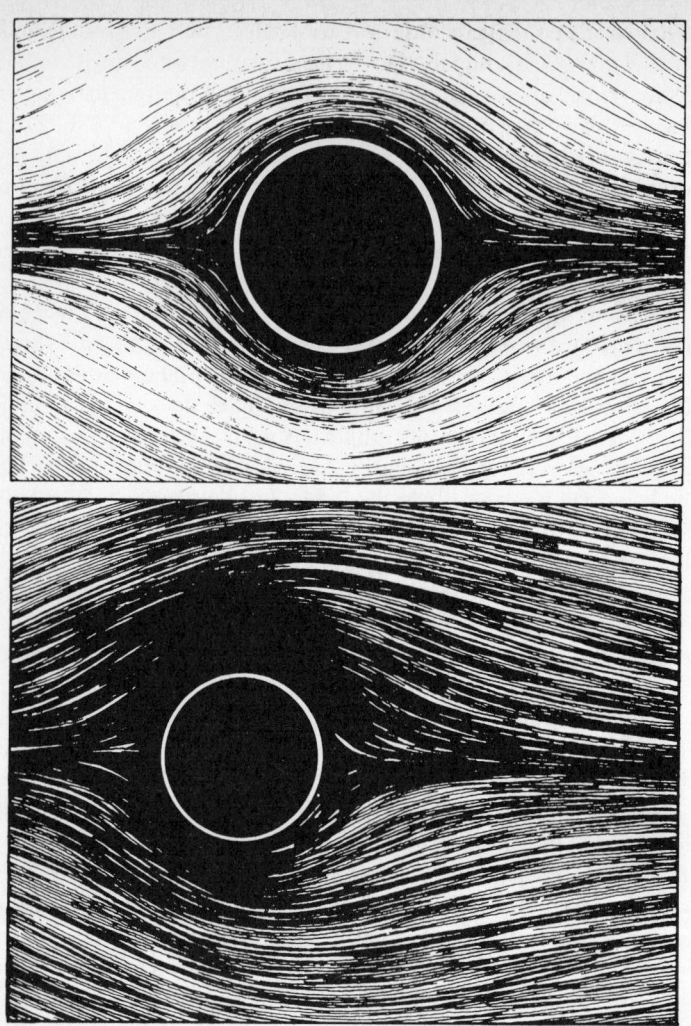

symmetrisch, sowohl in Längsrichtung als auch rechts und links vom
Objekt. Das Wasser nähert sich dem Hindernis, teilt sich gleichmäßig,
indem es links und rechts vorbeifließt, und vereinigt sich wieder auf der

Rückseite. Der Teilungspunkt verhält sich symmetrisch zum Zusammenflußpunkt. Erhöht sich die Geschwindigkeit ein wenig, geht diese Symmetrie verloren. Noch immer teilen sich die Stromlinien vor dem Hindernis, doch sie fließen erst ein Stück flußabwärts wieder zusammen. So zeigt die zweite Fotografie im Gegensatz zur ersten die Strömungsrichtung an. Steigert sich die Geschwindigkeit noch weiter, tritt ein schönes neues Phänomen auf. Unmittelbar hinter dem Zylinder bilden sich zu beiden Seiten der Mittellinie zwei kleine Wirbel, jeder ein Spiegelbild des anderen. Das Wasser fließt schnell an beiden Seiten des Hindernisses vorbei und dreht sich dann auf die geschützte Rückseite zu, von wo es erneut in die Strömung gelenkt wird. Die Zeichnungen, die Leonardo von diesen Wirbelpaaren angefertigt hat, entsprechen bis in alle Einzelheiten den modernen Fotografien. Sie sind so genau, daß ein Physiker, wenn man ihm den Maßstab der Zeichnungen nennen würde, anhand des Reynoldsschen Ähnlichkeitsgesetzes die Geschwindigkeit des Wassers ableiten könnte, das vor fast fünfhundert Jahren an Leonardo vorbeifloß. Erhöht sich die Geschwindigkeit des Wassers noch weiter, so verlängern sich die Strudel, bis sie sich vom Hindernis weit flußabwärts erstrecken, ohne indessen ihre linsenförmige Gestalt zu verlieren.

Bei weiterer Steigerung der Geschwindigkeit zeigt sich abermals eine neue Erscheinung. Bislang sind die Wirbel stationär gewesen – sie blieben mit der Rückseite des Zylinders verbunden. Schließlich wird jedoch die stürmische Hast des Wassers so stark, daß sie fortgerissen und stromabwärts getragen werden. Das geschieht abwechselnd in vollkommen regelmäßigem Rhythmus: Erst wächst der linke Wirbel, löst sich und fließt davon, dann nimmt der rechte Wirbel seine Stelle ein, bis auch dieser sich löst. Weit unten stromabwärts verlieren sie sich in der steten Strömung. Eine Aufnahme dieses Musters zeigt eine dekorative Sequenz von Strudeln, abwechselnd im Uhrzeigersinn und gegen ihn, wie eine Borte, die hinter dem Zylinder herflattert. Diese Wirbelstraße, wie man sie nennt, läßt sich manchmal von einer Brücke über einem Fluß mit rascher Strömung beobachten. Die mathematische Formel zu ihrer Berechnung wurde erst im zwanzigsten Jahrhundert entwickelt.

Bei wachsenden Geschwindigkeiten nimmt die Größe der Wirbel zu, während sie sich stromabwärts bewegen, so daß sich die Borte auflöst und ihr straßenartiges Aussehen verliert. Schließlich tritt ein völlig anderes Phänomen in Erscheinung: Von einer bestimmten Geschwindigkeit an wird die stetige Strömung gestört, und zwar zuerst in der Mitte jedes beweglichen Wirbels und dann in dem gesamten Bereich, der stromabwärts vom Zylinder liegt. Statt wie bisher bestimmten Stromlinien zu folgen, schießt und wirbelt das Wasser jetzt chaotisch umher, ohne erkennbare Formen oder Muster zu bilden: Die Turbulenz hat eingesetzt.

Während die Geschwindigkeit des Mediums anwächst, läßt seine Strömung beim Passieren des Hindernisses vier verschiedene Stadien erkennen: glatte Strömung, stationäre Wirbel, bewegliche Wirbel und Turbulenz. Dabei ist das erste Stadium ziemlich uninteressant und das letzte so gut wie unverständlich, während die Strudel der mittleren Stadien seit jeher die Phantasie der Menschen inspiriert haben.

Aristophanes, der sich in seinem Stück *Die Wolken* über die Wissenschaft lustig macht, läßt Sokrates erklären, daß Gewitter nicht von Zeus verursacht werden, sondern durch einen natürlichen Luftwirbel. Damit spielt er auf eine alte philosophische These des Anaxagoras an, der behauptet hatte, der kosmische Prozeß habe mit dem Geist, «dem feinsten und reinsten aller Dinge», begonnen, denn dieser habe eine Wirbelbewegung in Gang gesetzt, die zur Scheidung der Gegensätze geführt habe. Sehr viel später scheiterte Descartes bei einem Versuch, eine vollständige Erklärung der Natur auf Wirbel zu gründen. Doch mit seiner Hypothese von der Entstehung unseres Planetensystems aus Urstaubwirbeln kommt er der Wahrheit vermutlich sehr nahe.

Ein wunderbarer fiktiver Strudel kommt in Edgar Allan Poes Novelle «Hinab in den Maelstrom» vor. Er schrieb sie nach dem Vorbild eines wirklich existierenden norwegischen Fjords, der für seine tückischen Strudel bekannt war. Die furchterregende Beschreibung vom Innern des Trichters beruht sicherlich nicht auf tatsächlichen Beobachtungen, doch mit Hilfe von Reynolds' Ähnlichkeitsgesetz kann man vom Strudel im Abfluß einer Badewanne mühelos auf solche gigantischen Größenverhältnisse schließen.

Gewaltige natürliche Wirbel, zum Beispiel Hurrikans oder Tornados, lassen sich nicht kontrollieren, doch kleinere Strudel können durchaus gezähmt werden. Da ihr Sog einen Zug auf das Hindernis, durch das sie verursacht wurden, ausübt, empfiehlt es sich häufig, der Wirbelbildung vorzubeugen. Dies läßt sich unter anderem durch Stromlinienverkleidung erreichen. Wenn der Zylinder in der Strömung durch eine Tropfenform ersetzt wird, die den Raum einnimmt, den vorher der stromabwärts gelegene Doppelwirbel ausgefüllt hat, fließt das Medium ohne Wirbelbildung und mit ganz geringer Sogwirkung vorbei. Mit Stromlinienverkleidungen hat man alle schnellen Fahrzeuge ausgestattet. Auf sie sind die seltsamen Schilde auf den Kabinen von Lastwagen ebenso zurückzuführen wie die Knollennasen, die

Ozeanriesen neuerdings unter der Wasserlinie tragen. Das Design des zwanzigsten Jahrhunderts ist in erheblichem Maße von der Stromlinienverkleidung geprägt worden.

Auch die Natur nutzt dieses Prinzip, um die Flüssigkeitsreibung zu verringern. Dem Diktat der Strömungsgesetze unterworfen, hat die Evolution die meisten Fische mit der gleichen Grundform ausgestattet. Einige Säugetiere, wie beispielsweise Delphine, lassen die gleichen Gestaltungsprinzipien erkennen, obwohl sie nach innerer Struktur und Entwicklung keinerlei Ähnlichkeit mit Fischen haben. So schränken die physikalischen Gesetze die Fülle der Möglichkeiten ein, über die die Biologie verfügt, und erzwingen allgemeine Lösungen für allgemeine Probleme, von denen sehr verschiedene Organismen betroffen sind.

Problematischer als stationäre Wirbel sind solche, die sich von der Wirbelstraße lösen. Da sie sich abwechselnd von der linken und von der rechten Seite trennen, wechselt auch der Strömungswiderstand die Seiten und kann im verursachenden Objekt ein heftiges Flattern hervorrufen. Wieviel Zerstörungskraft dieses Phänomen entfalten kann, hat sich auf höchst dramatische Weise gezeigt, als 1940 die Hängebrücke über der Meerenge von Tacoma einstürzte. Bei gleichmäßigem Wind wurde die Brücke durch Wirbelablösung in Schwingungen versetzt, die in weniger als einer Stunde zur Selbstzerstörung führten. Daß ein gleichmäßiger Wind eine Brücke in Bewegung versetzen kann, erscheint auf den ersten Blick paradox. Beispielsweise ist es unmöglich, ein Kind auf einer Schaukel durch eine stationäre Windmaschine in Schwung zu bringen. Doch der Mechanismus der Wirbelablösung bringt einen regelmäßigen Impuls in die stetige Strömung. Wenn die Brücke bei diesem Rhythmus zufällig in Resonanz mitschwingt, beginnt sie unter Umständen zu rütteln. Seit der Katastrophe von Tacoma werden Brücken versteift, damit sie solchen heftigen Auftritten von Wirbeln widerstehen.

Wirbel sind der mathematischen Berechnung zugänglich, was man im Labor beweisen kann. Dagegen sind Turbulenzen weit schwieriger zu fassen; selbst nach Jahrzehnten intensiver Beschäftigung beginnen wir erst allmählich, sie theoretisch zu begreifen. So kompliziert ist das Problem, daß es Sir Horace Lamb 1932 zu der Bemerkung veranlaßte: «Ich bin ein alter Mann; wenn ich sterbe und in den Himmel komme, gibt es zwei Fragen, zu denen ich mir dort Aufklärung erhoffe: Die eine betrifft die Quantenelektrodynamik und die andere die turbulente Strömung von Fluida. Hinsichtlich der ersten Frage bin ich ziemlich optimistisch.» Wir wissen heute, daß der Herrgott Sir Horace ein erschöpfendes Lehrbuch über die Quantentheorie der Elektrodynamik vorlegen konnte, doch was er ihm über Turbulenzen mitzuteilen hatte, bleibt höchst ungewiß.

Das plötzliche Einsetzen von Turbulenzen ist so alltäglich wie Zigarettenrauch und Wasserhähne. Eine brennende Zigarette, die im Aschenbecher liegt, läßt in einem Zimmer, in dem es keinen Luftzug gibt, eine Rauchströmung von charakteristischem Muster entstehen. Auf den ersten Zentimetern über dem glühenden Ende ist die Strömung gerade, glatt und gleichmäßig. Dann bricht sie in wilde und nicht vorhersagbare Wirbel aus. Da, wie man herausgefunden hat, im Wasser Turbulenz erst bei relativ hoher Geschwindigkeit auftritt, können wir als gesichert annehmen, daß der heiße Rauch, wenn er aufsteigt, schneller und schneller wird, bis er die Geschwindigkeit erreicht, bei der Turbulenzen natürlicherweise entstehen. In Küchenwasserhähnen wird Turbulenz dagegen künstlich herbeigeführt. Ein kräftiger Wasserstrahl fühlt sich hart und unangenehm an. Da eine Beschleunigung des Strahls unpraktisch wäre, bedient man sich einer anderen Technik, die durch das Reynoldssche Ähnlichkeitsgesetz nahegelegt wird. Statt der Geschwindigkeit wird die Dimension der Strömung verändert. Ein Drahtnetz unterteilt den Strahl in viele winzige Strahlen, die schon bei geringerer Geschwindigkeit Turbulenzen bilden und infolge dieser chaotischen Bewegungen Luftblasen einschließen, die den Strahl weicher machen.

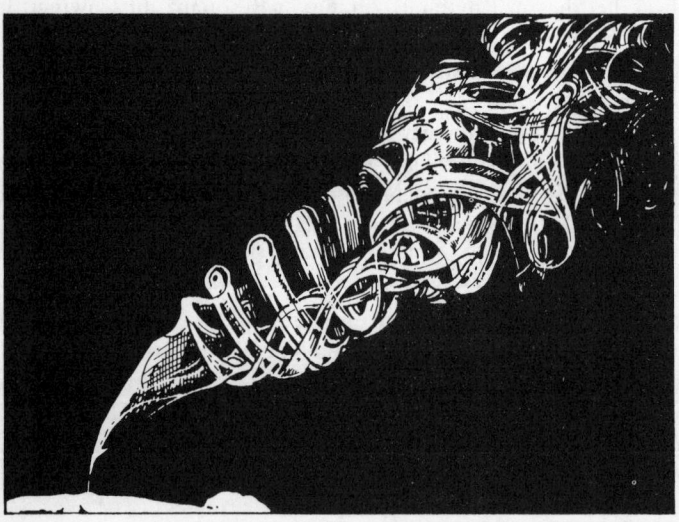

Zwar sind turbulente Strömungen vertraute Erscheinungen, doch mit dem Versuch ihrer theoretischen Beschreibung stoßen wir an die Grenze unseres Wissens und geraten auf das unsichere Gelände der ungelösten physikalischen Probleme. Offenbar brauchen wir neue mathematische und statistische Verfahren, um ihre ungeheure Komplexität zu bewältigen. Dabei spielt der Computer natürlich eine wichtige Rolle. Mit wachsender Leistungsfähigkeit kann er den Aufruhr einer turbulenten Wasserströmung mit immer größerer Zuverlässigkeit simulieren. Doch das kostet seinen Preis. Wenn nicht neue allgemeine Gesetze entdeckt werden, mittels deren sich das Verhalten des Wassers beschreiben läßt, helfen uns Simulationen nicht sonderlich weiter, weil die Computerprogramme so umfangreich und komplex werden, daß sie am Ende genauso unverständlich sind wie die Turbulenzen selbst.

Kürzlich hat man einige überraschend einfache mathematische Gleichungen entdeckt, die gleichfalls den Übergang von geordnetem Verhalten zum Chaos beschreiben. Ihre Lösungen lassen sich mit Hilfe von Digitalrechnern untersuchen, wobei man elektrische Schaltkreise derart konstruieren kann, daß der durch sie hindurchfließende Strom den ursprünglichen Gleichungen gehorcht. Schaltet man sie ein, so zeigt das gemessene Signal die erwartete Annäherung ans Chaos. Diese Methode verwischt auf merkwürdige Weise die Grenzen zwischen Beobachter und Beobachtungsgegenstand. Ist der Schaltkreis ein physikalisches System, das wir beobachten und mathematisch beschreiben, wie man es in der theoretischen Physik herkömmlicherweise versteht? Oder ist der Kreis ein Analogrechner, der bloß als Hilfsmittel zur Lösung der mathematischen Gleichungen dient?

Nehmen wir den zweiten Standpunkt ein, so können wir ihn auf eine turbulente Strömung übertragen. Ein Strudel wird zum Analogrechner, der automatisch die komplizierten Strömungsgleichungen löst. Um die Lösung abzulesen, müssen wir lediglich das Wasser beobachten und seine Strömung messen. Die Untersuchung von Turbulenzen, die mit Leonardos scharfem Blick und sicherem Strich begann, kehrt hier zu ihrem Anfangspunkt zurück; der spiralförmige Verlauf des Strudels wird zur Metapher für seine eigene wissenschaftliche Erklärung.

Blitze

Mitte des achtzehnten Jahrhunderts trug sich in Rußland einer jener tragischen Unfälle zu, die sich immer wieder ereignen, wenn Wissenschaftler, von ihrer Hybris verblendet, vergessen, daß die Natur über Kräfte gebietet, die viel gewaltiger als alles Menschenwerk sind. Durch Briefe und Zeitungen wurde die Welt der Gelehrten rasch von diesem Unfall unterrichtet und so daran erinnert, daß man sich den Geheimnissen der Natur nur mit Bescheidenheit und Vorsicht nähern darf. Die Nachricht rettete vielen Wissenschaftlern und Amateurforschern das Leben – wahrscheinlich auch zahllosen anderen Menschen, die keine Ahnung von der tatsächlichen Bedeutung der Nachricht hatten. Das Ereignis, um das es hier geht, war der Tod des Physikprofessors Georg Wilhelm Richmann, der am Nachmittag des 26. Juli 1753 in Sankt Petersburg von einem Blitzschlag getroffen wurde.

Die Geschichte der experimentellen Untersuchung des Blitzstrahls hatte drei Jahre zuvor begonnen, als Benjamin Franklin eine Methode entwarf, um die elektrische Natur des Phänomens nachzuweisen. Auf die Hypothese selbst, die auf der recht offenkundigen Ähnlichkeit zwischen dem Erscheinungsbild eines im Labor erzeugten Funkens und eines Blitzstrahls basiert, waren schon viele Wissenschaftler – zurück bis Newton – unabhängig voneinander gestoßen. Doch erst der Amerikaner verfiel in seiner zugleich praktischen und kühnen Denkweise auf die Idee – die er der Londoner Royal Society in einem Brief unterbreitete –, daß ein Mann, der auf einem hohen Turm stünde und eine lange Metallstange in den Händen hielte, möglicherweise einen Teil der Elektrizität aus einer Gewitterwolke herabziehen könnte. Weil es jedoch zu dieser Zeit keinen passenden Turm in Philadelphia gab, konnte Franklin das Experiment nicht durchführen. Auch die englischen Physiker griffen seinen Vorschlag nicht auf. Dagegen verfolgte man in Frankreich alle Experimente von Franklin mit großem Interesse, und Thomas François d'Alibard beschloß, auch dieses auszuprobieren. Am 10. Mai 1752 nachmittags um zwanzig nach zwei gelang es seinem Assistenten, aus einer zwölf Meter hohen Eisenstange, die er in einem Garten in Marly-la-Ville bei Paris aufgerichtet hatte, lange elektrische Funken zu ziehen. Zu Recht wurde dieser experimentelle Beweis, daß Gewitterwolken elektrisch geladen sind, damals als «größte Entdeckung auf dem gesamten Gebiet der Philosophie seit Sir Isaac Newton» gepriesen.

Währenddessen dachte Benjamin Franklin darüber nach, wie man den Turm ersetzen könnte, ließ im Juni desselben Jahres, noch bevor ihn die Nachricht vom französischen Erfolg erreichte, einen Drachen steigen und erzielte damit ähnliche Ergebnisse. In seiner typischen Art machte er sich die Entdeckung sogleich praktisch zunutze, indem er der Öffentlichkeit seinen Blitzableiter präsentierte, den er in Wirklichkeit schon drei Jahre zuvor erfunden hatte, wobei er sich damals allerdings nur auf unbewiesene Spekulationen hatte stützen können. Ende 1752 war nicht nur Franklins Haus mit Blitzableitern ausgestattet, sondern auch viele öffentliche Gebäude und Kirchen in den amerikanischen Kolonien.

Entgegen der Auffassung, daß sich technische Erfindungen heute viel schneller herumsprechen als früher, wurden die Versuche mit atmosphärischer Elektrizität und Blitzen in Amerika und Europa sehr rasch publik. In Rußland wurden sie von zwei Physikern, einem Deutschen und einem Russen, aufgegriffen, die eng miteinander befreundet waren: von Georg Richmann und dem Universalgelehrten Michail Wassiljewitsch Lomonossow, dem Gründer und Namensgeber der Universität von Moskau. Er war Professor der Physik, Astronomie, Chemie und Metallurgie, Entdecker des Massenerhaltungssatzes, überzeugter Atomist und Pionier auf dem Gebiet einer mechanischen Wärmetheorie. Außerdem hat er Dramen geschrieben, Gedichte verfaßt, die russische Sprache systematisiert und wurde als Nationalheld verehrt.

Lomonossow und Richmann hatten Franklins frühere Versuche wiederholt und sie in den *St. Petersburger Nachrichten* beschrieben. 1753, ein Jahr nach dem historischen Experiment in Marly, bauten sie in ihren Häusern Apparaturen auf, die sie «Gewittermaschinen» nannten – Blitzableiter, die durch Drähte und Ketten mit einem von Richmann erfundenen Meßgerät verbunden waren: Ein seidendünner Draht hing vom oberen Ende einer senkrecht stehenden Eisenstange herab, die eine Zentimetereinteilung trug. Wenn eine Gewitterwolke vorbeizog, erhielten Faden und Stange gleiche elektrische Ladungen und stießen einander ab. Der Faden, der sonst lose herabhing, wurde von dem Stab in einem bestimmten Winkel abgestoßen. Durch Messung dieses Winkels hofften die Wissenschaftler, die Elektrizität der Wolke zu quantifizieren oder, mit ihren Worten, das «Maß der von der Wolke emittierten elektrischen Kraft» zu bestimmen.

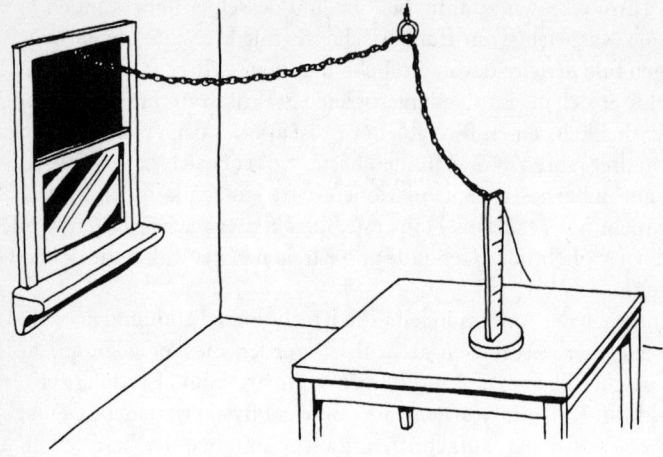

Am Morgen des verhängnisvollen Tages bereiteten sich Richmann und Lomonossow auf eine elektrische Demonstration vor, zu der die Akademie der Wissenschaften die Öffentlichkeit eingeladen hatte. Als ein Gewitter nahte, eilte Richmann nach Hause, begleitet vom Kupferstecher der Akademie, der die elektrischen Phänomene auf seinen Bildern festhielt. So kam es, daß ein geschulter Beobachter dem Ereignis beiwohnte; er beschrieb es später wie folgt:

Nach einem Blick auf das elektrische Meßgerät gelangte der Professor zu dem Schluß, das Gewitter sei noch weit entfernt und es bestehe noch keine unmittelbare Gefahr; wenn es jedoch näher rücke, könne es durchaus gefährlich werden. Kurz danach blickte der Professor, der keinen halben Meter von der Eisenstange entfernt stand, erneut auf den Meßfaden. Just in diesem

Augenblick schoß ein bläßlich blauer Feuerball, so groß wie eine Faust, aus dem Stab, ohne daß irgendeine Berührung stattgefunden hätte. Er bewegte sich genau auf die Stirn des Professors zu, der augenblicklich und ohne noch einen Laut von sich zu geben rückwärts auf eine Kiste fiel. In diesem Moment ertönte ein Knall, als hätte man eine kleine Kanone abgefeuert, woraufhin der Kupferstecher zu Boden stürzte und mehrere Schläge auf den Rücken erhielt. Später stellte sich heraus, daß sie von dem Draht herrührten, der in Stücke zerrissen war und verbrannte Streifen auf seinem Kaftan hinterließ, von der Schulter bis zum Rock.

Zu genau diesem Zeitpunkt untersuchte Lomonossow, nur ein paar Häuserblocks entfernt, seine eigene Gewittermaschine. Das Mittagessen wurde gerade aufgetragen. Er schrieb:

Als man das Essen auf den Tisch stellte, wurde mein Warten belohnt, und ansehnliche elektrische Funken sprangen aus dem Draht. Meine Frau und andere kamen herzu, und ebenso wie ich stießen auch sie unaufhörlich an den Draht und an den daran aufgehängten Stab, denn ich wollte Zeugen für das verschiedenfarbige Feuer haben, um dessentwillen ich mit dem verstorbenen Professor Richmann einen Meinungsstreit hatte. Plötzlich krachte ein außerordentlich heftiger Donnerschlag gerade in dem Augenblick, als ich meine Hand an das Eisen hielt, und es knisterten Funken. Alle liefen von mir fort. Meine Frau bat mich, auch ich solle weggehen. Die Neugierde hielt mich noch zwei oder drei Minuten lang fest, bis man mir sagte, die Kohlsuppe würde kalt – überdies war unterdessen die elektrische Kraft fast ganz verschwunden. Ich hatte kaum einige Minuten am Tisch gesessen, als der Diener des verstorbenen Richmann plötzlich die Türe öffnete, tränenüberströmt und vor Furcht ganz außer Atem. Ich glaubte, daß ihn irgend jemand unterwegs verprügelt habe, als er zu mir geschickt wurde. Kaum brachte er heraus: «Den Professor hat der Blitz erschlagen.» Aufs äußerste bewegt, eilte ich, so schnell es meine Kräfte erlaubten, zu ihm und sah ihn leblos daliegen. Seine arme Witwe und ihre Mutter waren ebenso blaß wie er. Der Gedanke, daß der Tod so nahe an mir vorübergegangen war, sein bleicher Körper, die Harmonie und Freundschaft, die zwischen uns bestanden hatte, die Tränen seiner Frau, der Kinder und der Angehörigen, beeindruckten mich derart, daß ich beim Ablick jenes Mannes, mit dem ich noch eine Stunde vorher in der Konferenz zusammengesessen und über unsere bevorstehende öffentliche Festversammlung beraten hatte, den vielen Menschen, die herbeikamen, weder Rede noch Antwort stehen konnte. Der erste Schlag aus dem aufgehängten Eisenlineal mit dem Faden traf ihn am Kopf, wo ein kirschroter Fleck auf der Stirn zu sehen war; dann war die elektrische Kraft aus seinen Füßen heraus in die Diele gegangen. Der Fuß und die Zehen waren blau, der Schuh zerrissen, aber nicht verbrannt. Wir bemühten uns, den Blutkreislauf in ihm wieder in Gang zu bringen, weil er noch warm war; jedoch war sein Kopf verletzt, und deshalb bestand keine Hoffnung mehr. So hat er mit einem beklagenswerten Versuch bestätigt, daß man die elektrische Kraft des Gewitters ableiten kann, allerdings in eine Eisenstange, die an einer freien Stelle stehen muß, wo der Blitz einschlagen kann, soviel er will. Herr Richmann ist nun, seine Berufspflicht erfüllend, eines herrlichen Todes gestorben. Die Erinnerung an ihn wird niemals verblassen...

Richmann war kein tollkühner Draufgänger. Ganz im Gegenteil, er war vorsichtig und sich über die Gefahren durchaus im klaren. Die Furcht vor Blitzen sei, so meinte er, völlig natürlich und lasse sich nur überwinden, wenn man das Phänomen restlos verstehe. Dazu seien Experimente erforderlich, und so habe «selbst der Physiker Gelegenheit, seinen Mut zu beweisen». Dank eigener Erkenntnisse und der Freundschaft mit dem großen Lomonossow war Richmann also nicht umsonst gestorben.

Die Welle der Begeisterung, die die Menschen angesichts der Möglichkeit erfaßte, Jupiters Blitz zu bändigen, mußte fast zwangsläufig ein solches Opfer fordern. Franklin, d'Alibard, Lomonossow und viele andere Forscher in aller Welt hatten sich der gleichen Gefahr ausgesetzt wie Richmann, ohne von seinem Schicksal ereilt zu werden. In erster Linie hatten sie das ihrem Glück zu verdanken, doch Franklin hatte von Anfang an einen Aspekt begriffen, der durch Richmanns Unfall auf tragische Weise unterstrichen wurde, der aber erst viele Jahre später ins allgemeine Bewußtsein drang: Elektrizität aus den Wolken ist harmlos, wenn sie die Möglichkeit hat zu entweichen, jedoch gefährlich, wenn sie keinen Ausweg findet. Blitzableiter ziehen Elektrizität an, doch wenn sie sie sicher ableiten sollen, müssen sie durch einen Draht lückenlos mit dem Erdboden verbunden sein. Elektriker sprechen dann von Erdung. Zu Versuchszwecken kann dieser Draht unterbrochen werden, doch nach einer kurzen Lücke muß die Verbindung zum Erdboden gewährleistet sein. (Franklins eigener Blitzableiter wies eine solche Unterbrechung auf: Er hatte eine Glocke zwischen Dach und Erde eingebaut, die ein nahendes Gewitter ankündigte. Als das Klingeln Mrs. Franklin störte, während ihr Gatte sich in Europa aufhielt, folgte sie seinem Ratschlag und ersetzte die Glocke durch einen Draht. Dagegen waren die Gewittermaschinen von Lomonossow und Richmann von der Erde isoliert und daher tödlich. Selbst der scharfsinnige Lomo-

nossow verfiel in seinem Bericht nicht sogleich auf die richtige Schlußfolgerung. Statt darauf zu drängen, daß die Maschine geerdet wurde,
wies er die Leute lediglich an, Abstand zu halten.

Die Furcht vor Blitzen ist natürlich und vernünftig. Selbst nachdem
man herausgefunden hatte, daß der Blitz elektrischer Natur ist, wurden Menschen in oft vermeidbaren Situationen von ihm erschlagen.
Beispielsweise war es seit Jahrhunderten üblich, die Kirchenglocken
zu läuten, um Blitze abzuwenden. Angeblich «glaubten die Armen, die
fromme Übung vertreibe die bösen Geister des Gewitters, während die
höheren Stände meinten, dadurch werde eine Art Luftschwingung erzeugt und die Kontinuität des Blitzweges unterbrochen». Jedenfalls
wurde noch Jahrzehnte nach der Erfindung des Blitzableiters in einem
Aufruf gegen das Glockenläuten berichtet, in den zurückliegenden
dreiunddreißig Jahren seien 386 Kirchtürme vom Blitz getroffen und
dabei 103 Glöckner erschlagen worden.

Trotz aller wissenschaftlicher Fortschritte verursachen Blitze heute
noch immer mehr direkte Todesfälle als jede andere Wettererschei-
nung. In den Vereinigten Staaten werden durch Blitzschlag jährlich hundert Menschen getötet und doppelt so viele verletzt. Während der Schaden an Häusern und Schiffen durch die Einführung des Blitzableiters
erheblich verringert worden ist, läßt sich außer Empfehlungen für
geeignete Verhaltensweisen bei Gewitter nicht viel tun, um Menschen
und Tiere im Freien zu schützen. In Autos und Flugzeugen befinden sich
die Insassen in Sicherheit, weil die Metallgehäuse den Blitz ableiten. Mit
Waldbränden wird man bei Gewittern auch weiterhin rechnen müssen.

Was hat es eigentlich mit diesem schrecklichen Blitzstrahl auf sich, der
unter heulenden Winden, prasselndem Regen und furchterregendem
Donner auf feurig-gezackter Bahn vom Himmel herabfährt, Tod und
Verderben bringt und die zitternden Sterblichen straft? Welche Ursache hat er? Wie ist er beschaffen? Was für eine Gestalt besitzt er? Wie
entsteht er? Welchen Weg nimmt er? Wie schnell ist er? Wann schlägt er
ein?

Zeus, Jupiter, Jehova, Thor und Indra schleuderten Blitze auf diejenigen, die sie zu strafen wünschten. Bei den nordamerikanischen India-
nern und afrikanischen Stämmen brachte der Donnervogel Blitz und
Donner. In allen alten Mythen gilt der Blitz als Zeichen göttlicher Un-

gnade. Der stilisierte Blitz, den der Jupiteradler auf der Eindollarnote in seinen Krallen hält, symbolisiert heute den Krieg.

Der furchtlose Atheist und Materialist Lukrez leitete die lange Suche nach einer wissenschaftlichen Erklärung des Blitzes mit einer Reihe unbequemer Fragen ein:

Wenn aber Jupiter selbst und die anderen Götter des Himmels
Strahlende Räume erschüttern mit Schrecken erregendem Donner
Und, wie es jedem der Götter beliebt, versenden den Blitzstrahl,
Weshalb lassen sie dann, wenn einer abscheulichen Frevel
Straflos hatte begangen, nicht gleich die Flammen des Blitzes
Schlagen aus seiner zerschmetterten Brust zur Warnung der Menschen?
Weshalb wälzt sich dafür unschuldig ein Armer, der keiner
Schande sich jemals bewußt, in den Flammen und wird so
Plötzlich erfaßt und verstrickt in den Wirbel des himmlischen Feuers?
Weshalb suchen sie nutzlos heim die verödeten Plätze?
Tun sie es etwa zur Übung des Arms und zur Stärkung der Muskeln?
Weshalb lassen sie Jupiters Keil in der Erde verrosten?
Weshalb duldet er's selbst und spart ihn nicht auf für die Feinde?
Endlich warum wirft Jupiter nie bei heiterem Himmel
Seinen Blitz auf die Erde und füllt die Lüfte mit Donner?
Steigt er vielleicht erst dann, wenn die Wolke sich unten gesammelt,
Selbst auf diese herab, um das Ziel aus der Nähe zu treffen?
Ferner wozu denn schießt er ins Meer? Was hat er zu klagen
Über die Wogen, das flüssige Naß und schwimmende Flächen?
Weiter: wollt' er bewirken, daß wir vor dem Blitze uns hüten,
Weshalb scheut er sich dann, den Blitzstrahl sichtbar zu senden?
Will er dagegen uns ahnungslos mit dem Blitz überfallen,
Weshalb donnert er droben, entsendet Dunkel und Brausen
Und droht grollend voraus, so daß man zu fliehen imstand ist?
Und wie kannst du nur glauben, er sende nach mehreren Seiten
Seine Waffen zugleich? Wagst du etwa dies mir zu leugnen,
Daß gleichzeitig sich öfter ereignete mehrfacher Blitzschlag?
Nein, gar häufig geschah es und muß notwendig geschehen,
Daß zur nämlichen Zeit sich mehrere Blitze entladen,
Just wie der Regen auch fällt zugleich an verschiedenen Orten.
Endlich warum zerschmettert der Gott mit dem feindlichen Blitzstrahl
Heilige Tempel der Götter, ja selbst die eigenen Sitze,
Und zerstört manch herrlich geformtes Bildnis der Götter,
Schändet sogar sein eigenes Bild mit grausamer Wunde?
Weshalb zieht er zumeist auf die Höhen, und weshalb erblickt man
Grad auf den Gipfeln der Berge die häufigsten Spuren des Blitzes?

Weil Blitz und Donner, so antwortet Lukrez, in Wahrheit natürliche Phänomene sind, die durch den Zusammenprall von Wolken entstehen. Er hielt Blitze für eine Art Feuer – eine vernünftige Annahme, bedenkt man, was Blitze alles in Brand setzen. Erst viel später fand man heraus, daß Funken Feuer hervorrufen können, obwohl sie selbst keine Flammen sind, was auf eine alternative Erklärung des Blitzschlags hindeutete.

Das Experimentieren mit Elektrizität im Labor wurde möglich mit der Entwicklung der elektrischen Maschine im achtzehnten Jahrhundert. Wie das Fernrohr und die Kamera, die den Verlauf der Astronomie entscheidend prägten, das Mikroskop, das der Biologie ein neues Zeitalter eröffnete, wie die Feinwaage, die Chemie und Alchemie voneinander schied, und wie das Thermometer, das zur Thermodynamik führte, bedeutete auch die elektrische Maschine einen entscheidenden Fortschritt, ermöglichte sie doch quantitative Untersuchungen zur Beschaffenheit von Blitzen und letztlich der Materie. Anders als die heutigen elektrischen Geräte, die für den Uneingeweihten verschlossene Zauberkisten sind, waren die ersten elektrischen Maschinen allen Blicken zugänglich, einfach zu verstehen und von ästhetischem Reiz. Der Apparat von Edward Nairne, einem Meister des Gerätebaus, der in der zweiten Hälfte des achtzehnten Jahrhunderts in London lebte, gehört zu den schönsten Exemplaren seiner Art.

In Nairnes Werkstatt, angefüllt mit dem einfallsreichen Zubehör des Handwerkers und Naturforschers, nimmt die elektrische Maschine einen Ehrenplatz ein. Ein schwerer Glaszylinder, von der Größe eines kleinen Fasses, ist in Brusthöhe waagerecht auf einem stabilen Rahmen angebracht. An seinen sich verjüngenden Enden durchziehen kleine Risse, Zeichen ehrwürdigen Alters und häufigen Gebrauchs, das harte, schwarze Pech, das die schimmernden Messingkappen mit dem Glas verbindet. Von den Kappen führen kräftige Achsen in die gut geschmierten Lager des Rahmens. Trotz seines Gewichts und seiner Größe dreht sich der Zylinder ruhig und leicht um seine Mittelachse. Ein runder Lederriemen, der wie eine Fahrradkette angebracht ist, verläuft zunächst in der Rille des Rades, das mit dem Zylinder verbunden ist, und dann in der eines großen Treibrades, das mit einer Kurbel in Gang gehalten wird. Das Treibrad, wunderbar aus poliertem Holz gearbeitet, besitzt einen langen Messinggriff und hat einen Durchmesser von mehr als einem halben Meter, was eine hohe Drehgeschwindigkeit des Zylinders gewährleistet. Der gesamte Rahmen, so groß wie ein Tisch, ist aus bestem Mahagoni gefertigt, zeigt eine einfache, funktionale, aber elegante Linienführung und erstrahlt durch Lack und Politur in warmem Glanz. Die Teile, die einzeln in gepolsterten Reisekisten verpackt werden können, sind durch verzierte Messingbeschläge miteinander verbunden. Der ganze Apparat vermittelt einen Eindruck von Kraft und Leistungsfähigkeit. Wie ein Webstuhl oder eine Druckpresse verspricht er unter den Händen eines erfahrenen Fachmanns Schönes und Nützliches herzustellen.

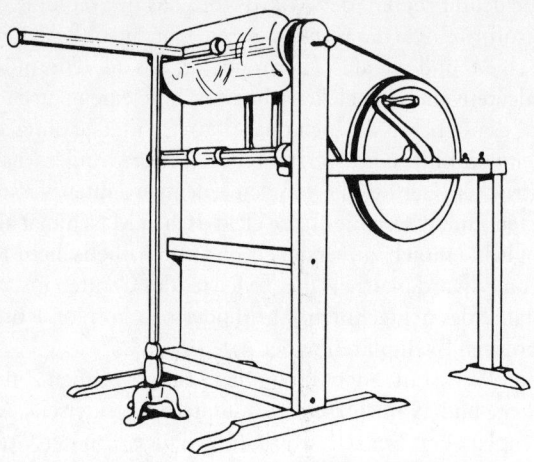

Die Reibung zwischen dem drehenden Glaszylinder und einem Kissen, das von flexiblen Holzstäben eng an das Glas gedrückt wird, erzeugt Elektrizität. Das Kissen oder Reibungspolster, so groß wie zwei normale Hände, ersetzt die Hände, die noch ein Jahrhundert zuvor dem gleichen Zweck dienten. Auf der anderen, vom Glas abgewandten Seite bekommt es Halt durch ein dünnes Mahagonibrett, dessen Form dem Zylinder nachempfunden ist. Das weiche Material der Füllung besteht aus Roßhaar und ist von gelbem Leder umgeben, das von häufigem Gebrauch brüchig und grau geworden ist.

Wenn sich das Glas fortlaufend am Leder reibt, erzeugt es eine geringe elektrostatische Ladung. Durch jahrelanges Herumprobieren haben die Elektrizitätstüftler des achtzehnten Jahrhunderts die Wirksamkeit ihrer Maschine hundertfach erhöht, indem sie das Leder dort, wo es das Glas berührte, auf geeignete Weise beschichteten. Ein Löffel voll Amalgam, ein silbriggraues grobes Puder aus Zink, Zinn und Quecksilber, das auf die Oberfläche des Kissens gestreut und durch einen Film von Schweinefett festgehalten wurde, verwandelt die elektrische Maschine – ohne diesen Zusatz ein etwas lächerlicher Apparat, der kleine, schwache Funken erzeugt – in einen leistungsfähigen elektrischen Generator.

Was im einzelnen geschieht, wenn man amalgambeschichtetes Leder an Glas reibt, mit einem Kamm durch trockenes Haar fährt oder in einem sehr trockenen Raum mit dem Schuh auf dem Teppich schurrt, war vor zweihundert Jahren noch nicht bekannt, und selbst heute ist es noch Gegenstand von Spekulation und Forschung. Wie bei vielen scheinbar einfachen und alltäglichen Phänomenen sind auch hier die Einzelheiten des Prozesses kompliziert, während das Ergebnis – in diesem Fall die Erzeugung von Elektrizität durch Reibung – leicht zu beobachten ist. Elektrifizierung durch Reibung ist so zuverlässig, daß man sie in modernen Laboratorien benutzt, um enorme Voltzahlen für leistungsfähige Teilchenbeschleuniger zu erreichen.

Sobald die Elektrizität vom Glaszylinder erzeugt worden ist, wird sie abgeleitet, gesammelt und gespeichert. Für diese Ereignisfolge hat Benjamin Franklin einen anschaulichen Vergleich gefunden. Man müsse sich die Elektrizität, so schlägt er vor, als ein unsichtbares und äußerst feines «Fluidum» vorstellen, das alle Materie durchdringen könne. Eine normale Menge des Fluidums versehe einen Gegenstand mit einer neutralen elektrischen Ladung. Ein Mangel verursache eine negative Ladung, während ein Überschuß eine positive Ladung bedeute. Nachdem das Fluidum auf irgendeine Weise aus dem Reibungskissen gequetscht worden sei, bleibe es an der Oberfläche des rotierenden Zylinders haften, der es mit sich führe. Würde es nicht entfernt, würde es ins Polster zurückkehren, um wieder ein angemessenes Fluidumgleichgewicht herzustellen.

Doch das Fluidum wird entfernt. Auf der anderen, dem Kissen gegenüberliegenden Zylinderseite befindet sich der Hauptleiter. Er ist aus brüniertem Messing gefertigt, ruht in Höhe des Zylinders auf einem Glasstab mit einem eleganten hölzernen Dreifuß in georgianischem Stil und besteht aus einem waagerechten Rohr in T-Form. Den wohl ungewöhnlichsten Bestandteil der gesamten Maschine bildet eine Reihe von einem Dutzend feiner Messingspitzen oder -nadeln, die auf den oberen Balken des T gelötet sind und wie die Zähne eines Kamms auf den rotierenden Zylinder zeigen. Obwohl sie um den Bruchteil eines Zentimeters von ihm entfernt sind und ihn nicht berühren, gelangt das elektrische Fluid in einem stillen, unsichtbaren Strom zu den Spitzen. Sie sind nichts anderes als winzige Blitzableiter, die zur Entladung des elektrisch aufgeladenen Zylinders dienen.

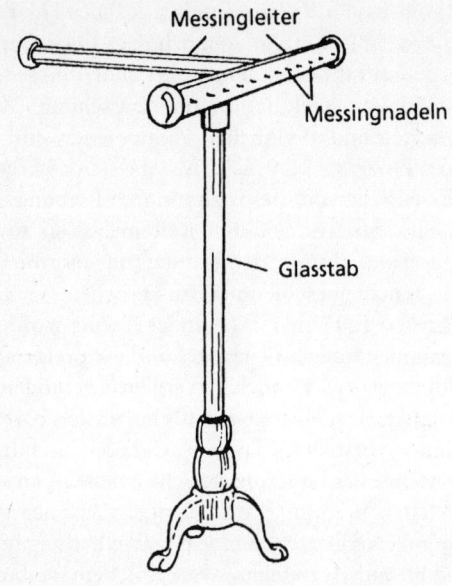

Messingleiter

Messingnadeln

Glasstab

Der Stamm des T, auf dem der Hauptleiter sitzt, ist die Abgabestelle, gewissermaßen der Zapfhahn der elektrischen Maschine. Hier lassen sich feinmaschige Messingketten anbringen, die das elektrische Fluid zu anderen Experimentalanordnungen im Raum weiterleiten. Für die Rückleitung oder die Erdung, die das Fluid an seinen Ausgangspunkt zurückbefördert, nachdem es seine Aufgabe erfüllt hat, sorgt eine weitere lange Kette, die am Boden verläuft – zwischen den geschwungenen Beinen des Dreifußes hindurch, unter den Rahmen der Maschine und direkt hinauf zu einer kleinen Schraube an der Rückseite des Reibungskissens, das an der Vorderseite ständig entladen wird.

Setzt man die Maschine in Gang, verschmelzen das rhythmische Knarren des Rahmens, das satte Surren der Metallager, das Flüstern des Lederriemens auf den Holzrädern, das Knistern der winzigen Funken zwischen den Kettengliedern und auf der Oberfläche des Zylinders zu einem Lied, das in den Ohren des Elektrikers vertraut und angenehm klingt. Alle Unregelmäßigkeiten in diesem Klang informieren den Experten über trockene Lager, verunreinigtes Glas, zerrissene Ketten, lockere Schrauben, rutschende Riemen, übermäßige Feuchtigkeit und Staub in der Luft. Der Gesang der Maschine kündet von ihren Leistungen und Schwierigkeiten.

Verdunkelt man den Raum, so wird das Surren und Knistern auch optisch untermalt: durch das Glitzern kleiner Funken, das Aufblitzen bläulicher Kronen auf den Spitzen der entladenden Nadeln und die Blitzstrahlen, die gelegentlich über die Oberfläche des Zylinders zucken. Auch diese flackernden Illuminationen sind dem Mann an der Maschine vertraut und versichern ihm, daß sich sein Gerät in einwandfreier Verfassung befindet. An manchen Tagen wirken die Geräusche falsch und die Lichtphänomene seltsam – die launische Maschine ist zu keiner Leistung bereit. An anderen Tagen wird sie allen Erwartungen gerecht und läuft wie ein zuverlässiges altes Pferd, während sie den diskreten Charme ihrer akustischen und pyrotechnischen Effekte entfaltet.

Um das elektrische Fluid zu speichern, bedient sich der Naturforscher einer Leidener Flasche, einer wunderbaren holländischen Erfindung. Hergestellt aus einer gewöhnlichen Glasflasche mit großer Öffnung, die innen und außen mit Stanniolpapier verkleidet wird, ist sie in der Lage, in der Metallbeschichtung eine große Elektrizitätsmenge festzuhalten. Sie wird aufgeladen, indem die innere und die äußere Metallschicht, die sich nicht berühren, mit dem Hauptleiter und der Erdungskette verbunden werden, und zwar in dieser Reihenfolge. Die Flasche kann minuten- oder gar stundenlang herumgetragen werden oder sich selbst überlassen bleiben, ohne daß sie Ladung verliert.

Wenn man ein Dutzend Leidener Flaschen miteinander verbindet, erhält man eine Batterie, die genügend Elektrizität speichern kann, um einen Menschen zu töten. Ihre Entladung ist der Höhepunkt des Ganzen; sie ist der Lohn für die stundenlange Arbeit, die das Aufbauen,

Montieren und Justieren der elektrischen Maschine bedeutet. Das eine Ende einer stumpfen, gebogenen Messingstange, die von einem isolierenden Glasgriff gehalten wird, bringt man in leichte Berührung mit der äußeren Folie der Flasche. Das andere Ende wird in die Nähe einer Kette gebracht, die die innere Folie berührt. In weitem Abstand von allen anderen Metallgegenständen beobachtet der Elektriker gespannt, wie sich der Abstand zwischen Stange und Kette verringert. Bei einem Abstand von fünf Zentimetern kommt es zu einem plötzlichen heftigen Knall, heller und klarer als ein Pistolenschuß. Begleitet wird dieser Laut von einem dicken gezackten Funken von strahlendem Blau und so kurzer Dauer, daß man ihn durch ein Augenzwinkern im falschen Augenblick verpassen könnte. Ein zufriedenes Lächeln beendet den Versuch, egal ob das Publikum aus dem Naturforscher allein besteht oder ob noch weitere Kollegen und ängstlich-bewundernde Neulinge anwesend sind. Ein langgezogener Funke, von einem lauten Knall begleitet, ist das einfachste und dankbarste unter Hunderten von Experimenten, vielleicht weil es die Zähmung des Blitzes versinnbildlicht – Jupiters Blitzstrahl, unter Kontrolle gebracht, erzeugt mit Hilfe von Glas, Leder, Holz, Messing, Haar, Amalgam, Stanniolpapier und Wachs.

Nicht weniger lehrreich ist eine sanftere Methode, die Flasche zu entladen. Wenn eine scharfe Metallspitze statt der stumpfen Stange benutzt wird, entsteht kein Funke, sondern die Elektrizität fließt in einem unsichtbaren, stillen Strom aus der Nadel durch die Luft. Auf dieser Entladung durch scharfe Spitzen beruht die Wirkungsweise sowohl des Hauptleiters als auch des Blitzableiters. Gleich zu Beginn seiner Forschungstätigkeit kommt Franklin darauf in einer Äußerung zu sprechen, die geradezu ein Paradigma für die Leistungsfähigkeit der Analogie in den Naturwissenschaften ist. Am 7. November 1749 schreibt er in sein Notizbuch:

Elektrisches Fluidum deckt sich in folgenden Punkten mit dem Blitz:

1. Gibt Licht.
2. Farbe des Lichts.
3. Gekrümmte Bahn.
4. Rasche Bewegung.
5. Wird durch Metall geleitet.
6. Knall oder Geräusch bei Entladung.

7. Fortdauer in Wasser oder Eis.
8. Zerreißt Körper, die es durchqueren.
9. Vernichtet Tiere.
10. Schmilzt Metall.
11. Entzündet brennbare Stoffe.
12. Riecht nach Schwefel.

Das elektrische Fluidum wird von Spitzen angezogen. Wir wissen nicht, ob auch der Blitz diese Eigenschaft besitzt. Doch da sie in allen Punkten übereinstimmen, in denen wir sie bislang vergleichen können, ist es da nicht wahrscheinlich, daß sie auch diese Besonderheit teilen? Führen wir das Experiment durch.

Das Experiment wurde durchgeführt, und die Vermutung bestätigte sich.

Im Laufe der Jahre wurden die elektrischen Maschinen verbessert, dann durch Batterien ersetzt und schließlich von elektromagnetischen Generatoren oder Dynamos abgelöst. Doch auch heute noch bedienen sich Physiker dieser Reibungsmaschinen, wenn sie sehr energiereiche elektrische Entladungen erzeugen müssen. Obwohl sie inzwischen zu kalten, mechanischen Ungeheuern aus Aluminium, Stahl, Gummi und Plastik geworden sind, weisen sie keinen prinzipiellen Unterschied zu den Apparaten von Franklin und Nairne auf.

Als die Generatoren stärker und zuverlässiger wurden, drang man tiefer in die Geheimnisse der Elektrizität ein. Gleichzeitig erforschten Wissenschaftler die in der Natur auftretenden Blitze. Auf Hochgeschwindigkeitsfotografien machte man die verblüffende Beobachtung, daß am Anfang die Entladung von einer Wolke zum Erdboden meist unsichtbar ist. Erst wenn der erste Blitzschlag die Erde erreicht hat, bildet sich ein helles sichtbares Band und bewegt sich mit hoher Geschwindigkeit auf der ursprünglich zurückgelegten Bahn aufwärts. Dieser Doppelprozeß vollzieht sich so rasch, daß er augenblicklich stattzufinden scheint. Dennoch entsteht der Eindruck, der Blitz fahre aus den Wolken zur Erde nieder, nicht ohne Grund. Die gezackte Form der Bahn erinnert an einen auf dem Kopf stehenden Baum, mit Ästen, die aus einem Mittelstamm hervorwachsen. Diese organische Form legt die Vorstellung eines Wachstumsprozesses nahe, obwohl das Muster mit einem Schlage dazusein scheint. Der bekannte Vergleich mit dem Baum ist unserem Denken vertrauter als die Analogie zum Flußsystem, das sich in die entgegengesetzte Richtung bewegt, nämlich von den Ästen zum Stamm.

Welcher Mechanismus den Blitzen auch immer zugrunde liegt, sie sind tödlich, zerstörerisch und in hohem Maße erschreckend. Ihr furcht-erregender Charakter steht in deutlichem Gegensatz zur fast trivialen Schlichtheit des Metallstabs, der sie ableitet. Auf dem gesamten Gebiet der Technik gibt es nur wenige Geräte, die mit so sparsamen Mitteln einen derart weitreichenden Nutzen bewirken. Der Schutz vor Über-schwemmungen, Stürmen, Lawinen oder menschlicher Aggressivität ist immer teuer und gefährlich. Dagegen ist es ein Kinderspiel, sich vor dem noch bedrohlicheren Blitz zu schützen. Daß Franklin den Menschen die Furcht vor dem Blitz nahm, erklärt, warum er in Frankreich fast wie ein Gott verehrt wurde und warum er dort so beispiellose diplomatische Erfolge zu erzielen vermochte.

Wie viele andere gute und besonders einfache Ideen, ist auch Franklins Erfindung zeitlos. Die Blitzableiter auf modernen Gebäuden sind kaum von denen ihres Erfinders zu unterscheiden. Eine leichte Variation kann man oft von der Autobahn aus beobachten. Hochspannungsleitungen, die die Messingketten des achtzehnten Jahrhunderts abgelöst haben, müssen selbst vor der überlegenen Kraft des Blitzes geschützt werden. Dafür sorgen dünne Drähte, die von Mast zu Mast über alle anderen Leitungen gespannt sind. So schützt die Weiterentwicklung einer Franklinschen Erfindung die Früchte anderer Entdeckungen, die wir ihm verdanken.

Franklins Theorie ist es nicht sehr gut ergangen. Daß er die Elektrizität als Fluid auffaßte, womit er sie aus dem Stand eines Kuriosums in den eines ernsthaften Forschungsgegenstands erhob, war damals nichts Ungewöhnliches. Andere Phänomene, wie die Wärme, wurden auf ähnliche Weise erklärt, das heißt, auch hier ging man von unsichtbaren Fluida aus. Elektrotechnische Fachausdrücke wie *Strom, Durchfluß* und *Kapazität* belegen die Wirksamkeit der Analogie und werden in der Sprache überleben, doch das heutige Elektrizitätsmodell ist kein Fluid mehr. Franklin hat die moderne Vorstellung sogar antizipiert, nur konnte er sie noch nicht systematisch entwickeln. Ganz zu Anfang, noch bevor seine Fluidtheorie publik wurde, hatte er Spekulationen über die Beschaffenheit des Fluids angestellt: «Die elektrische Materie besteht aus äußerst feinen Teilchen, denn sie kann normale Materie,

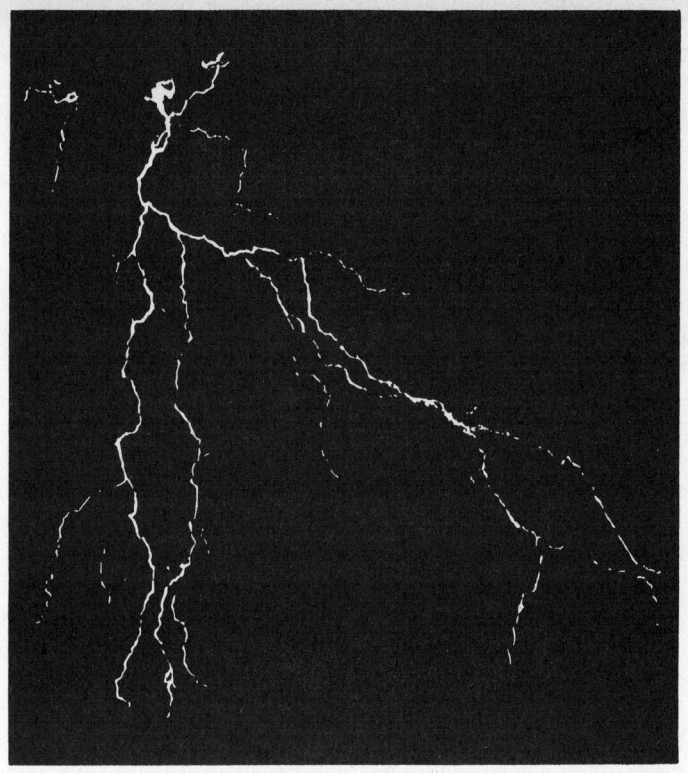

selbst dichteste Metalle, so leicht und mühelos durchdringen, als treffe sie auf keinen nennenswerten Widerstand.» Die teilchenartige, körnige, atomare Beschaffenheit der Elektrizität hat Franklin also vermutet, lange bevor dieser Gedanke überprüft werden konnte. Statt dessen fand seine Fluidtheorie großen Anklang.

Natürliche Elektrizität hat ihren Ursprung in den Wolken – «weil hochfliegende Wolken im Äther einander sich stoßen». So Lukrez, während die neuere Forschung sich stärker auf die Kollision einzelner Tropfen konzentriert. Die Wissenschaft von der Elektrizität begann mit einem Experiment über aufgeladene Wolken und wurde von einem Amerikaner durchgeführt. Anderthalb Jahrhunderte später bereitete ein weiteres Experiment, ebenfalls Wolken betreffend und ebenfalls von einem Amerikaner ersonnen, der alten Theorie ein Ende und begründete den heutigen Elektrizitätsbegriff.

In seinem modernen Experiment maß Robert A. Millikan zunächst die durchschnittliche elektrische Ladung einer kleinen künstlichen Wolke, die aus einem Zerstäuber stammte. Rasch stellte er fest, daß er genauere Werte erhielt, wenn er einzelne Tropfen betrachtete und Öl statt Wasser nahm, weil Öl langsamer verdunstet. Also ermittelte Millikan die elektrische Ladung an Tausenden von Öltropfen, einem nach dem anderen. Doch das Ergebnis dieser ermüdenden Aufgabe war der triumphale Sieg des Atomismus über seinen alten Rivalen, den Glauben an das Kontinuum: Die Ladungen traten nicht als beliebige Werte auf, sondern immer als Vielfache einer kleinsten Einheit, der Elementarladung. Elektrizität ist kein Fluid, sondern die Häufung einer großen Anzahl von einzelnen, identischen, «äußerst feinen» Teilchen, Elektronen genannt, deren jedes eine Elementarladung besitzt. So bemißt sich die Währung der Elektrizität nicht nach flüssigem Gold, sondern nach rieselnden Münzen.

Georg Richmann starb, als er versuchte, die elektrische Ladung einer Wolke zu messen. Diesen Bestrebungen gab Robert Millikan eine sicherere und zugleich wiederholbare Form, indem er sie ins Labor verlegte und sich auf einen einzigen Tropfen beschränkte. Dadurch hatte er die Möglichkeit, die Elementarladung der Natur zu messen. Doch die Suche ist noch nicht abgeschlossen. Heute gibt es theoretische Gründe für die Annahme, daß möglicherweise noch kleinere Ladungen existieren, als sie Millikan entdeckt hat. Ob wir sie finden können, ist eine experimentelle Frage. Vor einigen Jahren erschienen zwei Artikel in der Zeitschrift *Physical Review Letters*, die über die neuesten und raffiniertesten Forschungsarbeiten berichteten; ihre Titel: «Result of a Search for Fractional Charges on Mercury Drops» und «Observation of Fractional Charge of ($\frac{1}{3}$) e on Matter». Das Fachchinesisch soll bedeuten, daß man Millikans Experimente verfeinert und wiederholt hat, in einem Fall ohne Ergebnis und im anderen mit Hinweisen auf eine Ladung von einem Drittel der Elektronenladung. Der Widerspruch zwischen den beiden Berichten verspricht eine interessante Zukunft, denn die Wissenschaft lebt von Widersprüchen, Verwirrung, Unsicherheit und Zweifel.

Der Kompaß

Vor unserem geistigen Auge entfaltet sich die Geschichte der Physik wie eines dieser langen, mittelalterlichen Landschaftsgemälde aus China. Hohe schneebedeckte Berge, dunkle, geheimnisvolle, in Nebel gehüllte Täler, dichte Wälder und friedliche Seen werden von gewundenen Flüssen und verschlungenen Felspfaden durchzogen, die den Betrachter durch Zeit und Raum, von Ausblick zu Ausblick tragen, während sich das Bild von rechts nach links entrollt.

In den weiten Räumen zwischen den felsigen Höhen sind die großen Gesetze dieser Wissenschaft in herrlicher Kalligrafie notiert. Nur ist die Sprache nicht chinesisch, sondern mathematisch. Die verwendeten Symbole sind nicht Ideogramme, sondern arabische Zahlen und Buchstaben aus einer Vielzahl von Alphabeten, die durch Rechensymbole, etwa Gleichheitszeichen und Quadratwurzeln, verknüpft sind. Wie chinesische Schriftzeichen sind auch Gleichungen grenzüberschreitend, das heißt, sie sind in vielen gesprochenen Sprachen zu Hause.

Besonders majestätisch tritt unter den vielen Gleichungen Newtons Bewegungs- und Gravitationsgesetz hervor. Ein Stück weiter liefern die vier eleganten Gleichungen, die wir Maxwell verdanken, eine prägnante Beschreibung der elektrischen und magnetischen Phänomene. Dann folgen die Hauptsätze der Thermodynamik, die Gesetze der speziellen Relativitätstheorie, Einsteins allgemeine Relativitätstheorie, die ungelösten Strömungsgleichungen, Schrödingers Gleichung der Quantenmechanik und schließlich die modernen Beschreibungen der Teilchenphysik, die viele der genannten Gesetze in sehr kompakter Form enthalten. Zwischen den Bergen und Gleichungen treiben dichte Nebelwolken und Dunstschleier: ausgedehnte Zonen unserer Unkenntnis in bezug auf die physikalische Welt.

Der Vordergrund des Gemäldes ist bevölkert mit berühmten Wissenschaftlern und ihren Insignien. Hier betrachtet Aristoteles, griechisch gewandet, die Wolken, während er seine Abhandlung über die Meteorologie verfaßt. Dort, in einer Klosterzelle, entdeckt Theoderich von Freiberg in einer wassergefüllten Glaskugel einen Regenbogen. Tief im Dschungel der Neuen Welt, in dem sich sonderbare Eingeborene verbergen, entzündet Thomas Harriot, in den Diensten von Sir Walter Raleigh, mit Hilfe seines Brennglases ein Feuer. Johannes Kepler, der über eine Prager Brücke stapft, fängt mit dem Ärmel seines pelzgefütterten Mantels eine Schneeflocke auf. Aufmerksam sitzt Galileo Galilei im Dom zu Pisa und mißt die Schwingung des großen Kronleuchters mit Hilfe seiner Pulsfrequenz, während Sir Isaac Newton, perückenbewehrt und sehr korrekt gekleidet, das Spektrum untersucht, das er an die Wand seines Arbeitszimmers wirft. Benjamin Franklin setzt eine elektrische Maschine in Gang. Madame Curie rührt in einem Topf voll Teer und Ernest Lawrence justiert seinen kleinen Teilchenbeschleuniger. Alle scheinen sie in ihre Beobachtungen vertieft zu sein, auch wenn sie Erklärungen suchen für das, was sie sehen, und nach der typischen Art westlicher Wissenschaft ihre Beobachtungen mit Schlußfolgerungen verknüpfen. Nur Albert Einstein, in seinem kleinen Segelboot friedlich die Pfeife schmauchend, scheint Träumen nachzuhängen. Die Bilder sind in seinem Kopf, und sein Versuchsapparat ist der Verstand.

Zur rechten Seite hin, früher in der Zeit, verblaßt und verflüchtigt sich die Menge der Berühmtheiten. Doch eine der Figuren, im Zentrum des mittelalterlichen Abschnitts der Rolle, scheint in der Landschaft heimischer zu sein als all die anderen. Auf dem Boden einer Terrasse mit Blick auf einen Ziergarten sitzend, in ein fließendes Gewand gehüllt, das durch einen breiten Gürtel zusammengehalten wird, und das lange Haar zu einem Knoten auf dem Kopf zusammengebunden, betrachtet Shen Gua, ein chinesischer Astronom und Universalgelehrter, den Gegenstand in seiner Hand. Bei genauerem Hinsehen erkennen wir, daß es sich um einen Kompaß handelt – eine technische Errungenschaft von verblüffender Einfachheit, Leistungsfähigkeit und geheimnisvoller Wirkung. Shen Gua darf den Kompaß halten, nicht weil er ihn erfunden hat, sondern weil er 1088 n. Chr. die erste überlieferte Beschreibung des Geräts verfaßt hat.

Im Laufe der Jahrhunderte wurde die Konstruktion dieses wunderbaren Instruments verbessert und standardisiert, bis es den Stand heutiger Vollkommenheit erreichte. Ein Glasdeckel verschließt das Gehäuse, das aus einem nichtmagnetischen Material wie zum Beispiel Messing besteht. Die magnetisierte Stahlnadel, im Norden zur Hälfte blau, die südliche Spitze silberfarben, balanciert auf einer senkrechten Spitze, die in eine kleine Einkerbung in der Mitte der Nadel eingelassen ist. Wenn man den Kompaß benutzt, berührt das Glas die Nadel nicht, doch ist der Abstand zwischen beiden so gering, daß die Nadel nicht vom Zapfen rutschen kann, selbst wenn man den Kompaß umdreht. Die unter der Nadel eingetragene Karte bezeichnet mit Hilfe einer stilisierten Rose die acht Hauptrichtungen oder -punkte, außerdem 360 Grad – mit Null im Norden beginnend und in östlicher Richtung fortschreitend. Die Konstruktion ist ebenso einfach wie robust und zuverlässig.

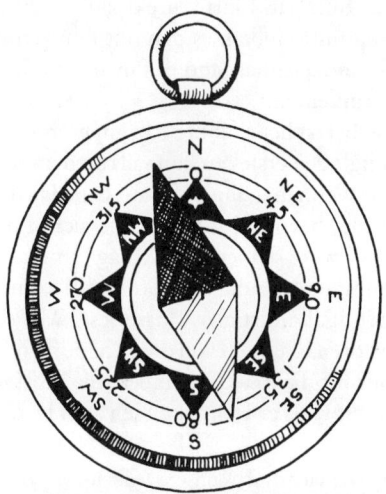

Als Navigationshilfe schuf der Kompaß die Voraussetzung für die Entdeckungsreisen. Ohne ihn läßt sich der Kurs auf dem Meer nur in sternenklarer Nacht bestimmen, wenn der Nordstern sichtbar ist. Die Sonne am Tage ist nutzlos, wenn man nicht eine Ephemeride (ein Verzeichnis ihrer Bahnen) und eine genaue Uhr zur Verfügung hat. Bei bewölktem Himmel und unbekannten Wasser- und Windströmungen sieht das Meer nach allen Richtungen gleich aus. Die hundertprozentige Zuverlässigkeit des Kompasses muß für die nautischen Abenteurer des fünfzehnten und des sechzehnten Jahrhunderts eine große Beruhigung gewesen sein. Später führte er die Entdecker zu den Polen und ins Innere der Kontinente, und auch heute kann man ihm genauso vertrauen wie zur Zeit seiner Erfindung.

Nicht nur in der Geschichte, sondern auch in der Wissenschaft nimmt der Kompaß einen besonderen Platz ein. Er ist der Prototyp all der Meßgeräte, Regler, Zähler und Zeiger, von denen wir zu Hause, in Autos und Flugzeugen, in Fabriken und Labors umgeben sind. Zwei grundlegende Eigenschaften von analogen Meßgeräten haben sich im Kompaß das erste Mal vereinigt: die feste Skala mit Gradeinteilung und darüber die bewegliche Nadel, die automatisch auf einen äußeren Reiz reagiert. Der Kompaß führte direkt zum Galvanometer, das den elektrischen Strom mißt, indem es den mit ihm gemeinsam auftretenden Magnetismus aufzeichnet, und er führte von dort auch zu all den anderen Meßinstrumenten.

Der Kompaß selbst ist heute alltäglich, ein preiswertes Spielzeug, das man in jedem Billigladen erstehen kann. Trotzdem hat er sein Geheimnis nicht verloren. Wenn man ihn auf eine ebene Fläche stellt, schwankt die Nadel ein wenig, bevor sie ihr Gleichgewicht findet, pendelt etwa ein dutzendmal mit wachsendem Ausschlag hin und zurück, bevor sie in Nordsüdrichtung vollständig zum Stillstand kommt, als säße sie in einer unsichtbaren, gallertartigen Masse fest. Wer die Fähigkeit zum Staunen nicht verloren hat, muß von dem Phänomen fasziniert sein und dürfte Verständnis für die Reaktion haben, die Einstein in seiner Autobiographie beschreibt, als er Überlegungen zum Denkprozeß anstellt:

Es ist mir nicht zweifelhaft, daß unser Denken zum größten Teil ohne Verwendung von Zeichen (Worte) vor sich geht und dazu noch weitgehend unbewußt. Denn wie sollten wir sonst manchmal dazu kommen, uns über ein Erlebnis ganz spontan zu «wundern»? Dies «sich wundern» scheint dann aufzutreten, wenn ein Erlebnis mit einer in uns hinreichend fixierten Begriffswelt in Konflikt kommt. Wenn solcher Konflikt hart und intensiv erlebt wird, dann wirkt er in entscheidender Weise zurück auf unsere Gedankenwelt. Die Entwicklung dieser Gedankenwelt ist in gewissem Sinne eine beständige Flucht aus dem «Wunder».

Ein Wunder solcher Art erlebte ich als Kind von vier oder fünf Jahren, als mir mein Vater einen Kompaß zeigte. Daß diese Nadel in so bestimmter Weise sich benahm, paßte so gar nicht in die Art des Geschehens hinein, die in der unbewußten Begriffswelt Platz finden konnte (an «Berührung» geknüpftes Wirken). Ich erinnere mich noch jetzt – oder glaube mich zu erinnern – daß dieses Erlebnis tiefen und bleibenden Eindruck auf mich gemacht hat. Da mußte etwas hinter den Dingen sein, das tief verborgen war. Was der Mensch von klein auf vor sich sieht, darauf reagiert er nicht in solcher Art, er wundert sich nicht über das Fallen der Körper, über Wind und Regen, nicht über den Mond und nicht darüber, daß dieser nicht herunterfällt, nicht über die Verschiedenheit des Belebten und des Nichtbelebten.

Wie Einstein meint, erklärt sich der geheimnisvolle Charakter des Kompasses daraus, daß er anscheinend gegen unsere intuitiven, aus der Erfahrung gewonnenen Vorstellungen verstößt. Fast alle Kräfte des Alltags wirken auf der Grundlage von «Kontakt» oder «Berührung». Die Hände ergreifen das Buch und den Topf, um sie zu bewegen, der Fuß tritt den Ball, um ihn voranzutreiben, der Motor greift in das Rad, damit es sich dreht. Natürlich gibt es Fälle, in denen es ohne Kontakt geht – die Anziehungskraft der Erde, die Kraft des Windes, die Ausbreitung des Schalls. Doch diese sind uns, laut Einstein, so vertraut, daß wir sie kritiklos akzeptieren. Dagegen fällt der Kompaß erheblich aus dem Rahmen des Gewohnten.

Was veranlaßt ihn, sich zu bewegen? Gibt es dort, wo eigentlich leerer Raum sein sollte, ein *Etwas*, das an der Nadel zerrt und sie zwingt, sich auszurichten? Gibt es einen unsichtbaren Gallert?

Die drei physikalischen Effekte, die der Funktion des Kompasses zugrunde liegen, sind magnetische Anziehungskraft, magnetische Polarität und das Magnetfeld der Erde. Hinzu kommen technische Entwicklungen, wie die Verwendung von Stahl für den Zeiger, die Aufhängung der Nadel und die Gradeinteilung der Skala. Der Effekt ist den Menschen schon sehr viel länger bekannt als der Kompaß. Die alten Griechen wußten von einem Stein, der als Magnetstein oder Magnet bezeichnet wurde und Eisen anzog.

Zwar nahmen die westlichen Gelehrten die Existenz des Magneten zur Kenntnis, schenkten ihm aber sonst wenig Aufmerksamkeit. In den Jahrhunderten, in denen die Mathematik heranreifte und die Astronomie zur Königin der Wissenschaften aufstieg, fristete der Magnetismus sein Dasein als Marginalie. Schlimmer noch, oft wurde er mit der Elektrizität verwechselt, der Anziehungskraft des Bernsteins. In China hingegen wußte man den Magnetstein zu nutzen und machte seine Eigenschaften zur Grundlage einer praktischen Erfindung – des Kompasses. Die Geschichte von der Entwicklung des Kompasses wurde für den westlichen Beobachter erst in dem monumentalen historischen Werk von Joseph Needham enträtselt. In Umfang und Anspruch durchaus mit Sir James Frazers *Der goldene Zweig* und Arnold Toynbees *Study of History* zu vergleichen, ist Needhams 1954 begonnene und heute noch nicht fertiggestellte Arbeit *Science and Civilization in China* ein gewaltiges und ehrgeiziges Unterfangen. In zwölf Bänden soll es die gesamte Geschichte der chinesischen Wissenschaft und Technik in ihrer Beziehung zu Kunst und Gesellschaft schildern, von den frühesten Aufzeichnungen bis ins siebzehnte Jahrhundert.

Während ein Vergleich zwischen chinesischer und westlicher Wissenschaft schwierig ist, weil die Voraussetzungen und Fragestellungen oft sehr unterschiedlich sind, ist es durchaus möglich und aufschlußreich, die technischen Entwicklungen der beiden Kulturkreise zu vergleichen. Schließlich bleibt ein Schiff ein Schiff und ein Ofen ein Ofen, mögen sie nach Aussehen und Betriebsart auch noch so verschieden sein. Needham verfolgt die Entwicklung von zahllosen chinesischen Geräten und Techniken so weit zurück, wie es ihm seine umfangreichen Quellen erlauben. Dabei gibt er sich große Mühe, ihre Einführung in China beziehungsweise Europa exakt zu datieren, um die Prioritätsfrage entscheiden zu können.

Mit diesem Verfahren will Needham keinen unfairen Vergleich zwischen den beiden Kulturen anstellen, sondern einen Prozeß realisieren, den er mit einer Titration vergleicht. Das ist die chemische Feinanalyse einer Lösung: Man mißt, wieviel von einem anderen Stoff hinzugefügt werden muß, um die Farbe der Lösung zu verändern. Die Lösungen, die es in diesem Fall zu analysieren gilt, sind die westliche und die orientalische Zivilisation, während die Farbveränderungen aus tiefgreifenden gesellschaftlichen Umwälzungen bestehen. Jede Gesellschaft wurde durch die Übernahme neuer Entdeckungen und Erfindungen aus der anderen nachhaltig beeinflußt. Durch die sorgfältige Untersuchung dieser wechselseitigen Einflüsse versucht Needham zum Verständnis der Geschichte beider Kulturen beizutragen. Wie die meisten Sinologen beschäftigt ihn dabei vor allem eine Frage: «Warum hat sich die moderne Technik nur im Westen entwickelt, obwohl China während der ersten fünfzehn Jahrhunderte n. Chr. in vielerlei Hinsicht technologisch überlegen war und ihm finstere mittelalterliche Verhältnisse erspart blieben?» Doch statt sich in Spekulationen über dieses schwierige Problem zu verlieren, nutzt Needham die Frage als Leitprinzip, um sich einer weit ergiebigeren Aufgabe zuzuwenden: Er versucht einfach herauszufinden, was die chinesische Wissenschaft geleistet hat.

Bei diesem Titrationsprozeß spielt der Kompaß eine wichtige Rolle. Seit der Renaissance hat der Westen drei chinesische Erfindungen von unschätzbarem gesellschaftlichem Wert übernommen: Kompaß, Buchdruckerei und Schießpulver. Daneben entdeckte Needham hundert weitere, unter anderem mechanische Uhren, Gußeisen, Mehrbogenbrükken, Achterstevenruder, Stagsegel und quantitative Kartographie. Trotzdem bleibt für Needham der Kompaß Chinas größter Beitrag zur Physik.

Die Geschichte des Kompasses begann Jahrhunderte vor unserer Zeitrechnung mit der Kunst der Weissagung. Unter den Werkzeugen des Magiers befanden sich kleine symbolische Gegenstände, Vorläufer unserer Würfel, die auf den Boden gelegt oder geworfen wurden. Sie hatten astrologische Bedeutung, und einer von ihnen stand für das Sternbild, das jedem Kind auch im Westen bekannt ist – den Großen Bären. Wie der Kompaß gibt dieses Sternbild die nördliche Richtung an. Schließlich nahm das symbolische Objekt, das den Großen Bären darstellte, die Form eines Löffels an – eine runde Schale mit einem kurzen, dicken Griff, ganz ähnlich dem heutigen chinesischen Suppenlöffel.

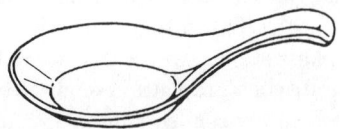

Entscheidend war der Entschluß eines alten Wahrsagers, seine Objekte aus dem magischen Stoff Magnetit – Magnetstein – zu fertigen statt, wie üblich, aus Holz oder Ton. So vermochten sich seine symbolischen Gegenstände aus eigener Kraft zu bewegen und ihre bedeutungsschweren Konstellationen auf geheimnisvolle Weise, ohne menschliches Zutun, anzunehmen. Dabei konnte der Erfinder ihre Bewegungen beeinflussen, ohne sie zu berühren, indem er einen starken Magneten unter dem Tisch hielt. Dieses Prinzip können wir heute noch in Nippesläden bewundern, wo sich Plastikpuppen auf glatten Spiegeln drehen – von versteckten Magneten bewegt.

In einem höchst anregenden Exkurs stellt Needham dann einen Zusammenhang zwischen den Wahrsagesymbolen und dem Schachspiel her. Der astrologische Charakter des Schachspiels dürfte den Chinesen eher einleuchten als uns Abendländern, denn die Astrologie hatte in China von Beginn an eher staatstragende als horoskopische Funktion. Es oblag ihr, das Schicksal von Herrschern und Staaten vorauszusagen und zu deuten, nicht das von Einzelpersonen. Der Kriegscharakter des Schachspiels entwickelte sich, so Needham, aus der Technik der Weissagung, in der Yin und Yang, die ständig widerstreitenden Kräfte des Universums, gegeneinander abgewogen wurden. Aus den magischen Verfahren machte man später in Indien ein Spiel, das der Unterhaltung diente.

Zu den beweglichen Objekten gehörte auch das Wahrsagebrett, *Shih* genannt. Es bestand aus einer unteren, quadratischen Erdplatte, die von einer drehbaren Scheibe, der Himmelsplatte, überragt wurde. Beide waren mit astronomischen Zeichen und komplizierten prophetischen Symbolen beschriftet. Oft war in die Himmelsplatte ein Muster des Großen Bären eingeritzt. Eine Fotografie in Needhams Buch zeigt das Fragment einer Himmelsplatte, die von einem koreanischen *Shih* des ersten Jahrhunderts stammt. Die sieben Sterne des Großen Bären sind auf den ersten Blick zu erkennen, obwohl sie von hinten abgebildet sind, als ob man sie von einem Aussichtspunkt über und hinter der Himmelssphäre betrachte. (Ein winziger Mensch, der auf der Erdplatte unter der Himmelsplatte stünde, würde das Sternbild über sich richtig sehen.) In der quadratischen Erdplatte erkennt Needham den Vorläufer des Schachbrettes, in der runden Himmelsplatte den Prototyp der Kompaßscheibe.

Dann kam es zum entscheidenden Ereignis in der Entwicklung des Kompasses: Man ersetzte, irgendwann im Laufe der ersten sechs Jahrhunderte n. Chr., die Himmelsplatte mit ihrem eingeritzten Bären durch einen magnetischen Löffel. Wenn alle Flächen spiegelblank waren, dann verhielt sich der Löffel, der auf dem tiefsten Punkt seiner Schale balancierte, wie eine Kompaßnadel und richtete sich nach dem Erdfeld aus. So wurde, durch Zufall, der «nach Süden zeigende Löffel» oder auch der «nach Norden zeigende Löffel» entdeckt. Obwohl keines dieser Geräte erhalten ist, hat man nach den zahlreichen überlieferten Beschreibungen Modelle gebaut und mit ihnen die erwarteten Ergebnisse erzielt.

Der nach Süden weisende Löffel wurde vom nach Süden weisenden Holzfisch abgelöst, der einen Magneten enthielt und das lästige Problem des Reibungswiderstandes löste, da er auf dem Wasser schwamm. Später fand man heraus, daß sich Stahl durch Kontakt mit einem Magnetstein oder durch Erhitzen magnetisieren läßt, und im siebten oder achten Jahrhundert ersetzte man daher Löffel wie Fisch durch eine Stahlnadel, die man an einem Seidenfaden aufhängte.

1088, fast genau ein Jahrhundert vor der ersten Erwähnung des Kompasses in Europa, schrieb Shen Gua in seinem Werk *Pinselplaudereien vom Traumbächlein*:

Zauberer reiben die Spitze der Nadel mit einem Magnetstein; danach zeigt sie gen Süden. Doch sie weicht stets ein wenig nach Osten ab, so daß sie nie direkt nach Süden weist. [Man kann sie] auf einer Wasserfläche schwimmen lassen, allerdings ist sie dann ziemlich unbeständig. Sie läßt sich auch auf einem Fingernagel balancieren oder auf dem Rand einer Tasse, wo sie sich einfacher drehen kann, doch da diese Unterlagen hart und glatt sind, fällt die Nadel leicht herab. Am besten hängt man sie an einem einzigen Kokonfaden von neuer Seide auf, den man an der Mitte der Nadel mit einem Wachskügelchen von der Größe eines Senfkorns befestigt. Installiert man sie dergestalt an einem windstillen Platz, so wird sie stets nach Süden zeigen. Einige der Nadeln zeigen, nachdem man sie am Magnetstein gerieben hat, nach Norden. Ich habe Nadeln von beiderlei Beschaffenheit. Die Eigenheit des Magnetsteins, sich nach Süden zu richten, ähnelt dem Hang der Zypresse, sich stets nach Westen zu neigen. Niemand kann das Prinzip dieser Dinge erklären.

Etwas weiter heißt es:

Wenn die Spitze einer Nadel am Magnetstein gerieben wird, weist das spitze Ende immer nach Süden, bei einigen Nadeln allerdings auch nach Norden. Ich vermute, daß die Steine nicht alle gleich beschaffen sind. Es ist wie bei den Tieren: Der Rothirsch verliert sein Geweih während der Sommersonnenwende, der Elch während der Wintersonnenwende. Weil der Norden und der Süden zwei Gegensätze sind, muß es einen grundsätzlichen Unterschied zwischen ihnen geben. Das hat man noch nicht eingehend genug untersucht.

Dies sind die ersten eindeutigen Hinweise auf den Kompaß.

Wie die meisten Gelehrten seiner Zeit war Shen Gua ein Beamter der kaiserlichen Bürokratie. Eine brillante Karriere, die er der Anwendung der Mathematik auf Kartographie, Kalenderkunde, Astronomie und sogar Finanzwesen verdankte, endete abrupt mit einer öffentlichen Anklage, für die ein eifersüchtiger Rivale verantwortlich war. Daraufhin setzte Shen sich auf einem Gartenanwesen zur Ruhe, von dem er bereits geträumt hatte, bevor er es zum erstenmal sah. Daher nannte er es Traumbächlein. Dort hing er seinen Gedanken nach, schrieb über Fragen der Mathematik, Verwaltung, Astronomie, Kriegsführung, Malerei, Teezubereitung, Medizin, Lyrik, Musik und zahllose andere Themen. Seine bedeutendste Arbeit über Wissenschaft und Technik heißt *Pinselplaudereien vom Traumbächlein*, weil er, wie er sagte, «nur Schreibpinsel und Tintenbrett zum Plaudern» hatte. Diese Arbeit, eine Sammlung von sechshundert Erinnerungen und Beobachtungen, hat ihm den Ruf eines Universalgelehrten eingetragen, und man hat ihn mit späteren Größen der Wissenschaft wie Leibniz oder Lomonossow verglichen.

Wie es für wissenschaftliche Arbeiten seiner Zeit charakteristisch war, tragen Shens Aufsätze aphoristische Züge. Es fehlt die Überzeugung, daß sich alle natürlichen Vorgänge durch eine systematische Anwendung der Vernunft verstehen ließen. Man hielt die Natur für zu vielfältig und kompliziert, um sie jener Art von Analyse unterwerfen zu können, die das Kennzeichen heutiger Wissenschaft ist. «Niemand kann das Prinzip dieser Dinge erklären», meint Shen bescheiden in bezug auf den Kompaß. Doch Metaphern und Analogien waren für ihn damals genauso wichtig, wie sie es heute noch für Wissenschaftsjournalisten und, in subtilerer Form, auch für moderne Wissenschaftler sind. Wenn Shen den Kompaß im elften Jahrhundert mit einer windgebeugten Zypresse verglich, so erblickte Niels Bohr im zwanzigsten Jahrhundert ein Sonnensystem im Aufbau des Wasserstoffatoms. Der Unterschied liegt darin, daß Bohr für die beiden Erscheinungen, die er verglich, eine gemeinsame Ursache erkannte, Shen hingegen nicht.

Der zweite Satz in Shens Beschreibung des Kompasses setzte Needham in höchstes Erstaunen. Die Beobachtung, daß die Nadel nicht genau nach Norden oder Süden zeigt, betrifft das Phänomen der magnetischen Deklination. Die Deklination ändert sich mit unserer Position auf der Erdoberfläche und ist für Seeleute eine Frage von Leben und Tod. Nach westlicher Überlieferung hat Christoph Kolumbus die Deklination auf seiner legendären Reise im Jahre 1492 entdeckt und mit Bestürzung zur Kenntnis genommen. Es gibt Hinweise, daß sie auch in Europa schon etwas früher beobachtet wurde, aber die chinesischen Wahrsager waren bereits sechshundert Jahre vor Kolumbus mit ihr vertraut.

Vor und nach Shen Gua verwendeten neben den Seeleuten vor allem die Geomanter den Kompaß, die die Aufgabe hatten, die Wohnstätten der Lebenden und die Grabstätten der Toten mit Wind, Wasser und dem «geistigen Atem» der Erde in Einklang zu bringen. So entwickelte sich in China aus der pseudowissenschaftlichen Geomantik die Wissenschaft vom Magnetismus, wie im Westen aus der Astrologie die Astronomie und aus der Alchemie die Chemie hervorging.

Auch in Europa eroberte sich der Magnetismus schließlich einen bedeutenden Platz in den Naturwissenschaften, was er in erster Linie William Gilbert, dem Leibarzt von Königin Elisabeth, verdankte. Mit gutem Grund wurde dessen 1600 erschienene Schrift *De magnete* von führenden Wissenschaftlern der Zeit, unter ihnen Galilei und Kepler, als Meisterwerk gepriesen. Gelehrt und gründlich zitiert Gilbert die alten Autoren, macht sich aber auch mit spitzer Feder über jene lustig, die, «ohne magnetische Experimente durchgeführt zu haben... bestimmte Schlußfolgerungen auf der Grundlage bloßer Vermutungen gezogen und sich wie alte Weiber Dinge erträumt haben, die es mitnichten gibt». Zutiefst empirisch in ihrer Haltung, dürfen Buch und Autor als Vorboten der modernen Naturwissenschaften gelten.

Zu Recht schreibt Gilbert die Erfindung des Kompasses den Chinesen zu. (Seine Vermutung, Marco Polo habe den Kompaß in den Westen gebracht, widerlegen europäische Beschreibungen, die hundert Jahre vor Marco Polos Reisen entstanden.) In Gilberts Experimenten spielte der Kompaß eine entscheidende Rolle – einerseits, um den unsichtbaren Einfluß des Magneten faßbar zu machen, und andererseits, um quantitative Messungen zu ermöglichen.

Zu Gilberts größten Leistungen gehört die Erklärung, warum der Kompaß nach Norden und Süden zeigt. Frühere Autoren hatten ihr Glück mit allen möglichen Theorien versucht, vom Vergleich mit Zypressen bis hin zum Einfluß des Polarsterns. Gilbert hingegen fertigte eine Terrella an, ein kleines Erdmodell aus Magnetstein, und bewies damit, daß ihre Wirkung auf den Kompaß genau der Wirkung der Erde entspricht. Daraus schloß er, daß die Erde selbst ein Riesenmagnet ist.

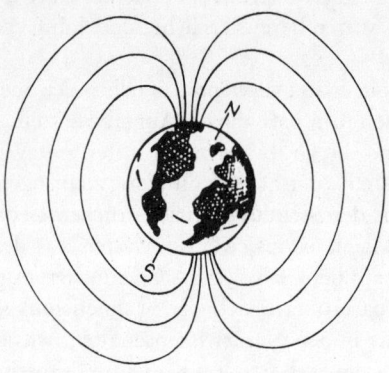

Zwei Fragen ergeben sich aus dieser Theorie. Die erste ist rein semantischer Natur: Warum wird der Nordpol einer Kompaßnadel vom Südpol eines Magneten, aber vom *Nord*pol der Erde angezogen? Die Antwort ist einfach: Entweder hat man die Pole der Erde oder alle Magneten der Welt falsch bezeichnet. Da es leichter ist, zwei Namen zu verändern als Millionen, haben sich die Wissenschaftler stillschweigend darauf geeinigt, daß der Nordpol der Erde ihr magnetischer Südpol ist und umgekehrt.

Die zweite Frage betrifft die Deklination. Wenn die Erde ein riesiger Magnet ist, warum zeigt die Nadel dann nicht eindeutig nach Norden und nach Süden? Darauf antwortet Gilbert, es gebe keinen Grund, warum die geographischen und magnetischen Pole übereinstimmen müßten. Die geographischen Pole sind die Enden der Achsen, um die sich die Erde dreht. Die magnetischen Pole sind die Enden eines hypothetischen Magneten im Erdinneren, und dieser Magnet befindet sich nicht auf einer Linie mit der Erdachse. Tatsächlich wandern die magnetischen Pole. Einer liegt zur Zeit auf einer kanadischen Insel, vierzehn Grad vom Nordpol entfernt. Der andere befindet sich vor der Küste der Antarktis, vierundzwanzig Grad vom Südpol entfernt.

Es liegt in der Natur der Wissenschaft, daß Gilberts Erklärung des Kompasses neue Fragen aufwirft. Was veranlaßt die Erde, sich wie ein riesiger Magnet zu verhalten? Oder grundsätzlicher: Wie übt ein Magnet überhaupt Einfluß auf einen anderen aus? Die erste Frage hat zu einer neuen wissenschaftlichen Disziplin geführt, dem Geomagnetismus, zu Spekulationen über die magnetischen Eigenschaften des flüssigen Metallkerns der Erde, zu Theorien über den Erddynamo und zu aktuellen und kontroversen Aspekten der Forschung. Die zweite Frage bringt uns zur Theorie des Elektromagnetismus und zur Atomphysik.

Auch die Beziehung zwischen Magnetismus und Elektrizität, die durch nachlässige Beobachtungen jahrhundertelang miteinander verwechselt wurden, hat Gilbert geklärt. Klar und schlüssig schied er die beiden Konzepte voneinander. Daß Bernstein Papierschnipsel anzieht, wenn man ihn reibt, hat nichts mit der Anziehungskraft zu tun, die der Magnetstein auf Eisen ausübt. Eine elektrische Ladung, selbst wenn sie sehr stark ist und beispielsweise von einer elektrischen Maschine erzeugt wird, bleibt ohne Wirkung auf einen Kompaß. Und doch – hartnäckig hielt sich der Verdacht, daß eine Verbindung bestehen könnte. 1735 erschien in London ein Aufsatz unter dem Titel «Of an Extraordinary Effect of Lightning in Communicating Magnetism». Dort wurde beschrieben, wie ein Blitzstrahl eine Schachtel voll Messer und Gabeln stark magnetisiert hatte. Leider wurde die elektrische Natur des Blitzes erst fünfzehn Jahre später nachgewiesen, so daß dieser Hinweis zu früh erfolgte. Nach der Erfindung der Batterie, die einen stetigen elektrischen Strom liefern konnte, erforschte man in Experimenten die magnetischen Eigenschaften des neuen Gerätes. Es wurden keine gefunden.

Am Ende stieß man ganz unverhofft auf die Beziehung von elektrischem Strom und Magnetismus. Sie erwies sich nicht nur als weitreichend und wissenschaftlich bedeutsam, sondern auch als äußerst wichtig für unsere Gesellschaft. Am 21. Juli 1820 berichtete der dänische Physiker Hans Christian Ørsted von einer starken Abweichung einer Kompaßnadel in der Nähe eines stromführenden Drahtes. Das war

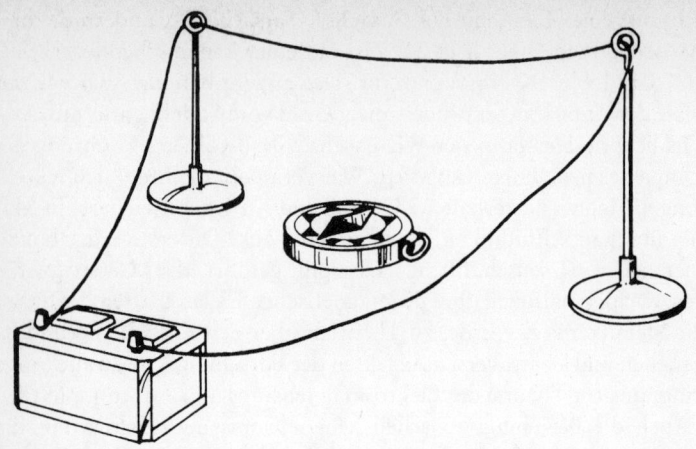

also das Bindeglied. Eine statische Ladung, ob in einer elektrischen Maschine oder einer Batterie, besitzt keinerlei magnetische Eigenschaften. Doch ein elektrischer Strom, ein Ladungsfluß, egal, ob er von einem Draht oder einem Blitzstrahl befördert wird, verhält sich wie ein Magnet. Ørsteds Entdeckung stieß auf reges Interesse bei Wissenschaftlern in aller Welt und führte rasch zu der Erkenntnis, daß die Beziehung wechselseitig ist. Bewegte Ladungen erzeugen ein Magnetfeld, und bewegte Magneten erzeugen elektrische Ströme. Aus diesen beiden Beobachtungen hat man nicht nur Generatoren und Motoren entwickelt, sondern auch Telefone, Radios, Fernsehen und all die anderen Schmuckstücke unserer informationsübersättigten Zivilisation. Schwere Verantwortung lastet also auf Shen Guas Spielzeug, so unscheinbar es auch aussieht.

Wie Einstein, der über die Fähigkeit des Kompasses, die richtige Richtung zu finden, staunte, und Needham, der überrascht war, einen Bericht aus dem elften Jahrhundert zu entdecken, in dem die magnetische Deklination beschrieben wird, wurde auch mir ein denkwürdiges Erlebnis mit dem Kompaß zuteil. Als ich ungefähr vierzehn war, erzählte mir mein Vater von Ørsteds Entdeckung. Er erklärte mir, daß sich die Nadel immer rechtwinklig zum Draht ausrichtet, wenn ein elektrischer Strom über einen Kompaß fließt. Das verstand ich zwar, doch dann regte sich Widerspruch. Stellen Sie sich einen Kompaß vor, der auf einem Tisch liegt. Direkt darüber verläuft ein gerader Draht, der einen Strom in nördliche Richtung leitet. Infolge symmetrischer Überlegungen und aufgrund dessen, was ich gerade erfahren hatte, nahm ich zuversichtlich an, die Nadel werde, je nach ihrer Ausgangsposition, entweder in östliche oder westliche Richtung weisen. Dagegen vertrat mein Vater die Ansicht, die Nadel werde immer nach Westen zeigen, nie nach Osten. Das glaubte ich ihm nicht. Da der Strom nach Norden fließt, sozusagen geradewegs durch die Mitte, gibt es in diesem Versuch nichts, was den Osten vom Westen unterscheiden könnte. Beide Richtungen müßten der Nadel gleichermaßen genehm sein. Ich war mir meiner intuitiven, auf symmetrischen Überlegungen beruhenden Erkenntnis so sicher, daß ich meinem Vater kategorisch widersprach – obwohl er promovierter Physiker war. Verständlicherweise war er etwas verstimmt, aber dieses Gespräch trug zu meiner Entscheidung bei, Physik zu studieren.

Natürlich hatte mein Vater recht, doch auch meine Intuition war richtig. Wäre die Situation tatsächlich so symmetrisch, wie sie aussieht, so könnte die Nadel keine Vorliebe für den Westen zeigen. In Wirklichkeit aber gibt es eine Asymmetrie, allerdings verbirgt sie sich so tief in den Mechanismen des Magnetismus, daß sie für das Auge nicht wahrnehmbar ist. Die Kompaßnadel gewinnt ihre Kraft teilweise aus winzigen elementaren Stromschleifen in den Atomen, aus denen sie besteht. Einige führen den Strom im Uhrzeigersinn, andere gegen ihn. Manchmal enthält ein magnetischer Stoff mehr von der einen Sorte als von der anderen, und diese Vorliebe für die Bewegung in die eine der beiden Richtungen verleiht der Nadel eine unsichtbare Händigkeit, die ihr die scheinbare Symmetrie nimmt.

Die Faszination der Kompaßnadel hält ungebrochen an. Schon lange vor Gilbert wußte man beispielsweise, daß man nicht zwei isolierte Pole erhält, wenn man eine Kompaßnadel zerbricht, sondern zwei kurze Nadeln, die jeweils zwei Pole besitzen. Magnetische Gegenstände weisen nämlich immer einen Süd- und einen Nordpol auf. Einen isolierten Nord- oder Südpol gibt es nicht. Die Natur scheut Monopole.

Und dennoch stand im Mai 1982 in der Zeitschrift *Physical Review Letters* ein Aufsatz mit dem Titel «First Results from a Superconductive Detector for Moving Magnetic Monopoles». Dort beschreibt der

Autor Blas Cabrera die Beobachtung eines Monopols. Würde sie sich bestätigen, müßten wir sicherlich vieles aufgeben, was wir in den letzten zwei Jahrtausenden über den Magnetismus gelernt haben. Außerdem wäre dann die erste größere Veränderung des Kompasses seit Shen Gua möglich: eine Nadel mit einem Nordpol, aber ohne Südpol.

Schneeflocken

An einem verschneiten Tag des Winters 1600 schob Johannes Kepler, Astronom und Mathematiker am Hofe von Rudolf II. in Prag, seine Bücher beiseite und begann einen Brief zu schreiben:

> Ja, ich weiß es, gerade Du liebst das Nichts, gewiß nicht wegen seines geringen Wertes, vielmehr des witzigen und anmutigen Spiels halber, das man wie ein munterer Spatz damit treiben kann. So bilde ich mir leicht ein, eine Gabe müsse Dir um so lieber und willkommener sein, je mehr sie dem Nichts nahekommt…
>
> Wie ich so grübelnd und sorgenvoll über die Brücke gehe und mich über meine Armseligkeit ärgere und darüber, zu Dir ohne Neujahrsgabe zu kommen, wenn ich nicht immer dieselben Töne anschlage, nämlich dieses Nichts angebe oder das finde, was ihm am nächsten kommt und woran ich die Schärfe meines Geistes übe, da fügt es der Zufall, daß durch die heftige Kälte sich der Wasserdampf zu Schnee verdichtet und vereinzelte kleine Flocken auf meinen Rock fallen, alle sechseckig und mit gefiederten Strahlen. Ei, beim Herakles, das ist ja ein Ding, kleiner als ein Tropfen, dazu von regelmäßiger Gestalt. Ei, das ist eine höchst erwünschte Neujahrsgabe für einen Freund des Nichts! Und auch passend als Geschenk eines Mathematikers, der Nichts hat und Nichts kriegt, so wie es da vom Himmel herabkommt und den Sternen ähnlich ist!
>
> Nur rasch die Gabe meinem Gönner überliefert, solange sie dauert und nicht durch die Körperwärme sich in Nichts verflüchtigt!

Kepler befand sich auf dem Höhepunkt seiner Karriere. Im Alter von achtunddreißig Jahren hatte er endlich eine sechsjährige, mühselige Berechnung abgeschlossen, die zu niederschmetternder Gewißheit werden ließ, was sich ihm schon durch genaue Beobachtung schmerzlich aufgedrängt hatte: Die Planeten bewegen sich weder in aristotelischen Kreisen noch in ptolemäischen, andere Kreise überlagernden Kreisen, sondern in Ellipsen. Er war ein empfindsamer, gutaussehender Mann mit der langen, geraden Nase des Deutschen, zu deren Seiten tiefe Falten hinabliefen, Zeugen einer schwierigen Jugend und stürmischer Ereignisse zu Beginn seines Erwachsenenlebens. Die Brücke, von der er in dem Brief spricht, ist die alte Karlsbrücke über die Moldau, die den Palast und die Stadt durch sechzehn gotische Bögen verbindet. Der Förderer, von dem Kepler gerade kam und zu dem er mit seinem kurzlebigen Geschenk zurückeilte, war Johan Matthäus Wacker von Wackenfels, Berater bei Hofe, Rechtsanwalt, Diplomat, Intellektueller, Poetaster und Liebhaber literarischer Gelegenheitsprodukte. Die Erwähnung des Nichts ist ein Wortspiel: *Nix* bedeutet im Lateinischen «Schnee», heißt aber in der deutschen Umgangssprache bekanntlich auch «nichts». Die Anspielung auf den Spatz bleibt dunkel. Die ganze Passage eröffnet Keplers wunderbaren kleinen Aufsatz über die Formen von Schneekristallen, den er *Neujahrsgabe oder Vom sechseckigen Schnee* nannte.

Kepler war natürlich nicht der erste, der die Symmetrie von Eiskristallen erkannte. So wußte er zum Beispiel nicht, daß chinesische Gelehrte sie schon 135 v. Chr. entdeckt hatten. Im Westen verfaßte im Jahre 1260 der Universalgelehrte und Naturforscher Albertus Magnus eine Abhandlung zu diesem Thema, und andere folgten seinem Beispiel, keiner jedoch mit der Begeisterung von Kepler.

Mit ungewöhnlicher Klarheit formuliert der das Problem:

[Die Frage ist,] warum der Schnee beim ersten Fallen, bevor er sich zu größeren Flocken ballt, immer sechseckig, gefiedert wie feiner Flaum und sechsstrahlig herabfällt... Da stets, wenn es zu schneien anfängt, die ersten Schneeteilchen die Figur von sechsstrahligen Sternen zeigen, muß es eine bestimmte Ursache dafür geben. Denn wäre es Zufall, warum fallen sie nicht fünfstrahlig oder siebenstrahlig, warum immer sechsstrahlig, solange sie nicht durcheinandergewirbelt und infolge der Menge und verschiedenen Berührungen verbacken herabkommen, sondern spärlich und zerteilt?

Die eindeutige Erfassung und Formulierung eines Problems ist in der wissenschaftlichen Forschung stets zu begrüßen. Allerdings überrascht es, dieser Vorgehensweise bereits in der Morgendämmerung der modernen Wissenschaft zu begegnen, am Ausgang des Mittelalters, das lieber über Hypothesen disputierte, als einfache Fragen zu Beobachtungen zu stellen.

Die Beobachtung, die der Frage zugrunde liegt, ist korrekt. Mikroskopie und Fotografie haben die Formen, die Kepler erkannte, vergrößert und festgehalten. Inzwischen sind Tausende von Zeichnungen, Fotografien und plastischen Nachbildungen angefertigt worden, und fast alle weisen sie die sechseckige Symmetrie auf. Fachleute haben komplizierte Klassifikationssysteme vorgeschlagen, um die Vielfalt der hübschen Formen zu erfassen, zusammen mit alphanumerischen Kennziffern und zungenbrecherischen Namen, wie es sich gehört, aber die Symmetrie bleibt.

Die klassische Schneeflocke ist ein kleiner Stern von großer Schönheit. Gewöhnlich befindet sich in der Mitte ein regelmäßiger, sechseckiger, flacher Teller, oft mit exakt konzentrischen sechsseitigen Rändern und Linien, die parallel zu den Seiten liegen. Von jeder Ecke (nie von einer Seite) geht ein Arm oder Strahl aus – Stab hat Kepler ihn genannt –, dessen Länge den Durchmesser des Mitteltellers um ein vielfaches übertreffen kann. In unregelmäßigen Abständen wachsen aus diesen Strahlen Zweige hervor. Den entscheidenden Hinweis zur Struktur der Schneeflocke verdanken wir Descartes' Beobachtung, daß die Zweige nur parallel zu den benachbarten Strahlen und stets in einem Winkel von 60 Grad zu ihrem Stamm verlaufen. Jeder kleine Zweig hat parallele Seiten und eine stumpfe Spitze. Manchmal werden die Zweige zum Ende des Arms hin immer kürzer, so daß man denken könnte, sechs Christbäume wären an den Füßen zusammengewachsen. In anderen Fällen sind die Zweige alle von gleicher Länge, und der Arm endet in einem weiteren sechseckigen Teller statt in einer Spitze, wodurch die Flocke aussieht wie ein Orden auf der Brust eines zaristischen Generals. Gelegentlich liegen die Zweige so dicht beieinander, daß sie ineinander übergehen und die Flocke zu einer sechsblättrigen Blüte wird. In manchen Fällen sind die Arme dick und kahl, ohne einen einzigen Zweig, was ihnen ein mechanisches Aussehen verleiht. Andere Flocken sind mit so vielen feinen Härchen versehen, daß sie an Daunen erinnern. Besonders reich verzierte Schneekristalle tragen an den Zweigen noch weitere Ästchen, die stets in einem Winkel von 60 Grad hervorwachsen.

Neben diesen federartigen Sternformen gibt es Nadeln, Säulen, Säulen mit Endplatten und vieles mehr. Die Behauptung, daß keine der anderen gleicht, betrifft weniger die verschwenderische Fülle der Natur als die Genauigkeit des Vergleichs. Auf atomarer Ebene gibt es keine zwei Sandkörner, Grashalme, Regentropfen, Knöpfe oder Nadeln, die absolut identisch sind, auch wenn sie, aus der Entfernung betrachtet, gleich aussehen. Gleiches gilt für Eiskristalle. Ob es möglich ist, zwei Schneeflocken zu finden, die für das menschliche Auge identisch aussehen, hängt also von der Genauigkeit der Beobachtung ab und ist im übrigen keine Fragestellung, die uns weiterbringt.

Nachdem er auf das sechsseitige Grundmuster der Schneeflocke aufmerksam gemacht hatte, beschäftigte sich Kepler mit der Frage nach der Ursache und wandte sich dabei sogleich in die falsche Richtung. Mit einem Trompetenstoß, der einen Angriff signalisiert, begann er mit der Behauptung, «daß die Ursache nicht in der Materie liege, sondern im Wirken». Er gründete seine Auffassung auf die unzutreffende Annahme, daß Dampftropfen, da sie von kugelförmiger Gestalt seien, nicht den Ursprung von Formen und Mustern in sich tragen könnten. Diese Annahme war nicht nur für Kepler charakteristisch, sondern für eine ganze wissenschaftliche Tradition: die Ablehnung des Atomismus. Statt nach den Ursachen der materiellen Phänomene tief in der

Struktur der Materie zu suchen, in immer kleineren Einheiten und Untereinheiten, hielt Kepler nach äußeren Agenzien, Kräften oder Prinzipien Ausschau – Faktoren, die in seiner Zeit so ungreifbar waren wie die Atome und in unserer so ungreifbar wie die Quarks.

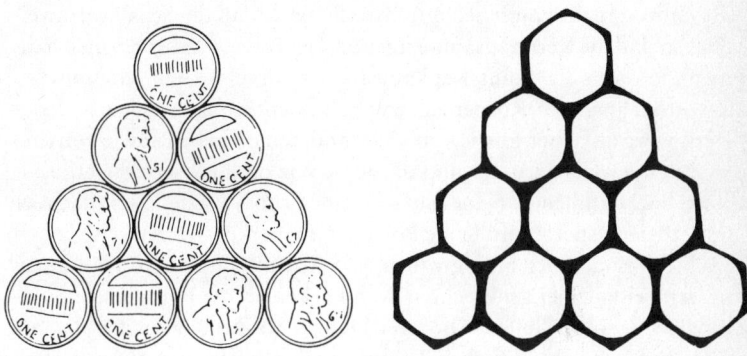

Auf der Suche nach der Ordnung des Universums bemüht sich der Naturphilosoph zunächst um erhellende Analoga, verwandte Beispiele, Ähnlichkeiten und Metaphern. Unverzüglich beginnt Kepler also einen langen Exkurs über andere symmetrische Strukturen in der Natur. Eine der schönsten ist die Honigwabe der Biene, von sechseckiger Symmetrie wie Schneeflocken und Badezimmerfliesen. Tatsächlich aber sind die Wände der Zellen gerundet und nicht eckig, so daß man sich den Aufbau auch als ein Muster von eng aneinander geschmiegten Kreisen vorstellen kann. Wenn man Pfennige auf einem Tisch so eng aneinanderlegt wie möglich, bilden sie das gleiche Muster. Die kleinen dreieckigen Lücken zwischen den Münzen stellen dabei die Zwischenräume dar, die im Bienenkorb mit Wachs gefüllt sind, während die Pfennige selbst die Zellen des Baus bilden. Das sechseckige Aussehen rührt von der Tatsache her, daß jeder Pfennig und jede Zelle der Wabe von sechs Nachbarn umgeben ist. Diese Anordnung ermöglicht die beste Raumnutzung bei kleinster Wandfläche und sorgt damit auch für den geringsten Wachsverbrauch. Wären die Zellen im Querschnitt dreieckig oder quadratisch, dann müßten die Bienen pro Wohneinheit mehr Wachs produzieren und hätten außerdem im Innenraum das

Ärgernis von winkligen Ecken. So erweist sich die sechseckige Form als die effizienteste.

Von den Honigwaben ausgehend, wendet Kepler sich dreidimensionalen Strukturen zu, wobei er sich vor allem mit dem Granatapfel beschäftigt. Wenn jeder Kern ursprünglich kugelförmig wäre und wenn die ganze Frucht von innen anschwölle, ohne daß die Schale sich weitete, so daß die Kerne zusammengepreßt würden, was für Formen nähmen sie dann an? Laut Kepler wäre das Ergebnis ein rhombischer Zwölfflächner, ein Körper mit zwölf rautenförmigen Flächen. Jeder Kern wäre auf einer Ebene von sechs anderen umgeben sowie von drei weiteren jeweils darunter und darüber. Wie das Sechseck die effizienteste flächenfüllende Figur ist, so ist der rhombische Zwölfflächner das effizienteste raumfüllende Polyeder. Bemerkenswerterweise haben auch die Enden der Honigwaben, wo sich die Bienen treffen, die zu beiden Seiten einer senkrechten Wand arbeiten, die Form eines rhombischen Zwölfflächners. Die drei kleinen Rauten, die jeden Tunnel schließen, sind ein hübscher Anblick in einem Glas mit ungefiltertem Honig.

Der mathematische Beweis dafür, daß die Winkel und Flächen, die von Bienen bevorzugt werden, tatsächlich den sparsamsten Umgang mit Wachs ermöglichen – auch am Ende einer Wand –, konnte erst lange nach Kepler geführt werden, als man über die Analysis verfügte. Aber wie machen es die Bienen? Da sie nicht rechnen können, muß ihre Fertigkeit einem äußeren Einfluß zugeschrieben werden. Im achtzehnten Jahrhundert sprach die französische Akademie den Bienen offiziell die geometrische Intelligenz von Newton und Leibniz ab und vermutete statt dessen, daß sie bei der Einhaltung mathematischer Gesetze göttlichen Weisungen Folge leisteten. Eine etwas naturnähere Interpretation lieferte Charles Darwin, der die architektonische Befähigung der Bienen als den «wunderbarsten aller bekannten Instinkte» bezeichnete und hinzufügte, die natürliche Selektion sei in diesem Fall an ihren Endpunkt gelangt, da «dieser Stand der Vollkommenheit» nicht mehr zu übertreffen sei.

Seinen Exkurs über die sechsseitige Symmetrie in der Ebene und im Raum schloß Kepler mit der Überlegung ab, wie man Kanonenkugeln stapeln könne. Dabei unterschied er zwei Methoden, die man heute als hexagonale und kubische Kugelpackung bezeichnet. Erstere führt zu dichtgepackten rhombischen Zwölfflächnern, letztere zu einem einfachen Würfelstapel. Das sind zwei platzsparende Methoden, gleich große Kugeln innerhalb eines gegebenen Raums zu packen.

Ein paradoxes Beispiel für die Kugelpackung kann man bei einem Strandspaziergang beobachten. Wenn sich der Fuß in den festen Sand drückt, der bei ablaufendem Wasser sichtbar wird, wird der Bereich in der unmittelbaren Umgebung des Fußes vorübergehend trocken. Die meisten Leute würden die Frage, ob der Sand durch den Fuß zusammengepreßt wird, ohne Zögern bejahen. Doch wie Osborne Reynolds erstmals 1885 bei einem Treffen der British Association in Aberdeen dargelegt hat, widerspricht diese Antwort den Beobachtungsdaten. Wenn ein Mensch auf einem nassen Teppich geht und ihn unter seinem Gewicht zusammenpreßt, bilden sich um die Fußabdrücke herum kleine Pfützen, keine trockenen Flecken. Also müssen wir daraus schließen, daß der Sand durch den Druck des Fußes *nicht* zusammengepreßt wird, sondern daß die äußere Kraft die natürliche Kugelpackung aufhebt, die Ordnung zerstört und eine Ausdehnung bewirkt. Dadurch öffnen sich Zwischenräume, durch die das Wasser entweicht. Wer diese Beweisführung einmal gehört hat, kann nie wieder am Strand spazierengehen, ohne auf die Erscheinung zu achten. Dergestalt führt die Naturphilosophie, diese ideale Mischung aus Beobachtung und rationaler Analyse, zu einem tieferen Verständnis der Welt.

Keplers Unterscheidung zwischen verschiedenen Arten von Kugelpackungen war ein wegweisender Beitrag zur wissenschaftlichen Disziplin der Kristallographie, doch da in seiner Kosmologie noch keine Atome vorkamen, führte ihn dieser Ansatz nicht weiter. Als er versuchte, Kanonenkugeln als Modelle für Dampftropfen anzusehen, die beim Kondensieren zu Schneeflocken gefrieren, sah er sich aus Gründen der Ehrlichkeit gezwungen, für jede Vermutung einen Katalog mit unwiderlegbaren Einwänden aufzustellen. Als das Jahresende immer näher rückte und er über die Hälfte des Aufsatzes noch nicht hinausgelangt war, griff er zu einem alten Schülertrick, mit dem sich magere Aufsätze strecken lassen: «Aus dieser Meinung will ich alle Folgerungen ziehen; danach erst werde ich prüfen, ob sie richtig ist, damit nicht etwa die dumme Entdeckung ihrer Nichtigkeit mich von meinem Vorhaben abbringe, über das Nichts Worte zu machen.» Diese Aufrichtigkeit ist für Kepler so charakteristisch, wie sie für andere selten ist.

Alle materiellen Ursachen wurden verworfen, bis nur noch eine Möglichkeit blieb: «die Bauform, vom Schöpfer eingepflanzt». Das verantwortliche Agens sei, so Kepler, die *Facultas formatrix*, das «Formvermögen». Dieses verschwommene morphogene Prinzip ist also für alle Formen in der Natur verantwortlich, ob anorganisch wie Schneeflocken, Planetenbahnen und die Wege von Lichtstrahlen oder organisch wie Pflanzen und Tiere. Wer sich heute auf eine solche Gestaltungskraft beriefe, würde damit wohl sein Scheitern eingestehen. Nachdem Kepler seine Frage äußerst sorgfältig formuliert hatte, sah er sich zu der Antwort gezwungen, Schneeflocken seien sechseckig, weil das in ihrer Natur liege. Diese Schlußfolgerung besitzt weder Vereinheitlichungs- noch Vorhersagevermögen. Kepler bewegte sich genau auf der Grenze zwischen neuzeitlicher Wissenschaft und mittelalterlicher Scholastik, und auch seine *Neujahrsgabe* hielt mit der Klarheit ihrer Frage und der Unklarheit ihrer Antwort die Mitte zwischen beiden.

Kepler war Wissenschaftler genug, um die Schwäche seiner Beweisführung zu erkennen, denn am Ende unternahm er einen letzten schwachen Versuch, den Schwarzen Peter loszuwerden. Da er wußte, daß verschiedene Salze zu verschiedenen Formen kristallisieren, erwog Kepler, ob nicht im Wasser gelöste Salze den Keim zu den Formen der Schneekristalle in sich trügen und ob nicht diese Salze die sechseckige Symmetrie aufwiesen. So forderte er also die Chemiker auf, diese Annahme zu untersuchen.

Währenddessen blieb die Schneeflocke ein Objekt der Bewunderung und des Staunens. Lange nach Kepler hat man die chemische Formel für Wasser, das altbekannte H_2O, gefunden. Vor etwa fünfzig Jahren wurde dann die Anordnung der Atome im Molekül entdeckt: Die beiden kleinen Wasserstoffatome sitzen auf dem großen Sauerstoffatom wie zwei Ohren auf einem Mickymaus-Kopf. Das Geheimnis der Schneeflocke liegt in dem Winkel, den die Wasserstoffatome in der Mitte des Sauerstoffatoms miteinander bilden: fast 120 Grad. Infolge dieser Struktur nimmt Eis die Form eines festen sechseckigen Gitters an. Auch wenn der Kristall durch die Kondensation von Wasser auf seiner Oberfläche vergrößert wird, bewahrt er die ursprüngliche Symmetrie. So erklärt sich die Gestalt von Schneeflocken also aus der atomaren Struktur des Wassers.

Wie prosaisch klingt das, wie einfach und wie unangemessen! Die Symmetrie der Teile bedeutet nicht, daß auch das Ganze symmetrisch sein muß. Aus einer Million sechseckiger Badezimmerfliesen läßt sich ein ziemlich naturgetreues Porträt von Abraham Lincoln legen, das keine Spur einer großräumigen sechseckigen Symmetrie mehr zeigt. Entsprechend macht die atomare Struktur des Wassers die Symmetrie einer Schneeflocke möglich, aber nicht notwendig. Mit dem Atomismus allein läßt sich Keplers Frage demnach nicht beantworten; dazu müssen noch andere Gesichtspunkte herangezogen werden.

Moderne Ausführungen zum Wachstum von Schneeflocken sind lang, kompliziert und spekulativ. Die Geschwindigkeit, mit der Wasser bei dem Kontakt mit Eis erstarrt, hängt von der Temperatur, dem Wasserdampfgehalt der Luft und der Form der Kristalloberfläche ab. So ziehen zum Beispiel Ecken Wassermoleküle stärker an als Kanten. Aus diesem Grund wachsen die Arme oder Zweige der Schneeflocke immer an den sechs Ecken des Mittelplättchens hervor. Wenn die Flocke durch die unterschiedlichen Regionen einer Wolke fällt, stößt sie auf eine Vielzahl meteorologischer Bedingungen. Der Umstand, daß alle Flocken dabei eigenen Wegen folgen, schafft die Voraussetzungen für all die unterschiedlichen Formen. Doch in jedem Augenblick ihres Falls sind die Bedingungen in der unmittelbaren Umgebung der Flocke mehr oder weniger gleichförmig, so daß all die exponierten Enden des wachsenden Kristalls gleichen Einflüssen unterworfen sind. Vermutlich reagieren sie auch identisch, so daß der Kristall während des Wachstums seine symmetrische Form wahrt.

Die moderne Antwort auf Keplers Frage umfaßt drei Elemente: Atomismus, eine externe Ursache in Form der Umgebung und den Symmetriebegriff. Das Problem hat manche Physiker ihr ganzes Berufsleben hindurch beschäftigt und den Einsatz aller experimentellen und theoretischen Werkzeuge der Physik erforderlich gemacht. Andererseits hat die Untersuchung der Kristallstruktur, die mit Keplers Überlegungen zur Kugelpackung begann, ein unvermindert andauerndes Interesse der Atomphysik an Fragen der Symmetrie wachgerufen.

Symmetrie ist ein leistungsfähiges Konzept, doch es kann auch irreführend sein. Anschaulich hat dies James R. Newman zum Ausdruck gebracht:

Absurd und wunderbar ist die Beziehung, die die Symmetrie zwischen äußerlich unverwandten Objekten, Phänomenen und Theorien herstellt: Erdmagnetismus, Schleiern, wie Frauen sie tragen, polarisiertem Licht, natürlicher Selektion, Gruppentheorie, Invarianten und Transformationen, Arbeitsgewohnheiten von Bienen im Stock, Raumstruktur, Vasenformen, Quantenphysik, Mistkäfern, Blumenblättern, Interferenzmustern von Röntgenstrahlen, Zellteilung bei Seeigeln, Gleichgewichtspositionen von Kristallen, romanischen Kirchen, Schneeflocken, Musik und Relativitätstheorie.

Die Schwierigkeit besteht darin, das Wunderbare vom Absurden zu trennen. Kepler entging der Falle, die in der verführerischen und oberflächlichen Ähnlichkeit zwischen Bienenwaben und Schneeflocken liegt, obwohl er nicht wußte, daß erstere ihre Form räumlichen Einschränkungen verdanken, während letztere durch die zufällige Struktur der Wassermoleküle gebildet werden. Mit der Gegenüberstellung der beiden hatte Kepler recht, weil beide die gleiche abstrakte Idee belegen – die Idee der sechseckigen, flächenfüllenden Formen. Ihre Verwandtschaft kommt in ihren mathematischen Beschreibungen zum Ausdruck, die, da sie abstrakt sind, ihre absurden Unterschiede überwinden. «Ein Mathematiker», sagt der Mathematiker Godfrey Harold Hardy, «ist wie der Maler oder Dichter ein Musterproduzent. Wenn seinen Mustern mehr Dauer beschieden ist als denen der Künstler, so liegt das daran, daß seine Muster aus Ideen gewirkt sind.»

Allgemein betrachtet, ist Symmetrie nichts als ein Muster, das aus regelmäßiger Wiederholung besteht. Die Spiegelsymmetrie des menschlichen Körpers, zeitlos in ihrer Faszination, beruht auf der Verdopplung der linken durch die rechte Seite. Die Rotationssymmetrie eines regelmäßigen Sechsecks ergibt sich aus der sechsfachen Wiederholung einer Seite. Die Translationssymmetrie eines Lattenzaunes entsteht durch die Wechselwirkung mit der Form einer einfachen Latte. Jedes dieser Beispiele für symmetrische Strukturen auf Newmans Liste beruht auf der Wiederholung einer grundlegenden Form oder Eigenschaft.

Für die Wissenschaft liegt der Nutzen der Symmetrie wesentlich in der Wiederholung. Wenn man einen Teil eines Musters beobachtet hat und die Symmetrie entweder kennt oder vermutet, läßt sich das ganze Muster vorhersagen. Da die Vorhersage eine entscheidende Rolle in der Wissenschaft spielt, ist die Symmetrie ein wertvolles Werkzeug im Arsenal des Wissenschaftlers.

Ebenso wie Zeichnungen und Fotografien räumliche Symmetrie erkennen lassen, offenbaren Listen mit Eigenschaften oder Messungen, angemessen präsentiert, abstrakte Muster. Ein bekanntes Beispiel ist der Kalender. Tage, Wochen, Monate und Jahre stellen vier ineinander verschlungene Zyklen dar, von denen nur der erste und der letzte natürlichen Ursprungs sind und daher unabhängig vom Kalender existieren. Altmodische Abreißkalender, die für die Tage einzelne Blätter haben (in alten Filmen flattern sie eines nach dem anderen zu Boden, um Zeitsprünge zu symbolisieren), lassen dieses Muster nicht erkennen. Dagegen unterteilt eine Matrix mit Wochentagen zur Bezeichnung der Spalten und mit Wochenzahlen zur Kennzeichnung der Zeilen das Jahr in Reihen von sieben und Blöcke von etwa dreißig Tagen. Die Zyklen werden manifest und belegen den Wiederholungscharakter, die Symmetrie, des Ganzen. Wochentage, die den gleichen Namen tragen und in einem regelmäßigen Leben oft für ähnliche Tätigkeiten stehen, sind nebeneinander angeordnet, auch wenn ihre Daten sieben Einheiten auseinanderliegen. Dank dieses Schemas können wir vorhersagen, was wir am 19. Juli tun werden, denn der 19. steht unter «Dienstag», und dienstags spielen wir immer Bridge. Der repetitive Rhythmus des Kalenders versieht die monotone Abfolge der Tage mit einem beruhigenden Pulsschlag, ohne den das Leben nahezu unvorstellbar wäre. Wie anders würden wir die Zeit wahrnehmen, wenn es üblich wäre, Kalender in Form von Spiralen, Dreiecken oder Serpentinen anzubieten.

Ein wissenschaftliches Handwerkszeug, das in seinem Aufbau dem des Kalenders sehr ähnelt, ist Mendelejews Periodentafel, die die Physik- und Chemieräume unserer Schulen schmückt. Dort werden die Elemente nach wachsendem Gewicht numeriert, dabei aber genau so angeordnet, daß Elemente mit gemeinsamen Eigenschaften zusammenstehen, so wie wir auch die Dienstage im Kalender untereinander finden. 1881 wurde die Bedeutung dieses Schemas auf eindrucksvolle Weise unter Beweis gestellt, als man das Element Germanium zwanzig Jahre nach der Vorhersage seiner Existenz entdeckte. Mendelejew brauchte nur die Elemente, die eine Lücke in seiner Tabelle umgaben, näher zu untersuchen, um die physikalischen und chemischen Eigenschaften des fehlenden Stoffes mit erstaunlicher Genauigkeit zu beschreiben. Zunächst als bloße Zahlenspielerei verspottet, stattete das Periodensystem die Chemie mit einer systematischen Grundlage aus und trug später, durch seine sonderbaren Muster, entscheidend dazu bei, daß man die Bausteine der Elemente – die Atome – verstehen lernte.

In neuerer Zeit hat man ähnliche Schemata zur Klassifizierung jener Teilchen verwendet, die in Teilchenbeschleunigern erzeugt werden. Die Bezeichnungen der Reihen und Spalten sind ebenso beliebig und abstrakt wie die Namen der Wochentage im Kalender und der Elementefamilien im Periodensystem. Neben so traditionellen Eigenschaften wie elektrischer Ladung und Atomgewicht gehören dazu auch ganz neue und exotische Attribute wie «Strangeness» und «Charm».

Die erfolgreichste Klassifizierung der Elementarteilchen wird, in Anlehnung an eine buddhistische Anleitung zum rechten Leben, der achtfache Weg genannt. Durch eine scharfsinnige Auswahl der Eigenschaften hat man die vielen hundert Teilchen, die man in nuklearen Kollisionen entdeckt hat, in Familien von jeweils acht Mitgliedern eingeteilt. Stellt man die Teilchen als Punkte auf einem Graphen dar, dann bilden die Familien ein vertrautes Muster. Zwei mittlere Punkte sind von den sechs anderen symmetrisch umgeben. An den Rändern weist diese Anordnung die Form eines regelmäßigen Sechsecks auf. So erzeugt die Symmetrie eine absurde, aber ästhetisch reizvolle Verwandtschaft zwischen Elementarteilchen und Schneeflocken.

Wie groß die Vorhersagefähigkeit der Symmetrie ist, ließ sich kurz nach Entdeckung des achtfachen Weges überprüfen. In mehreren Familien hatten die Experimentalphysiker Hinweise auf das Vorhandensein unvollständiger Familien ermittelt – Muster mit Lücken. In jedem Einzelfall war es dank der Eigenschaften der bekannten Mitglieder möglich, die Merkmale der fehlenden Mitglieder vorherzusagen. Wie das Germanium hat man diese Teilchen dann auch tatsächlich entdeckt, und es stellte sich heraus, daß ihre Eigenschaften große Ähnlichkeit mit den Vorhersagen aufwiesen.

Doch damit waren die Möglichkeiten des achtfachen Weges, wie die des Periodensystems, noch nicht erschöpft. Obwohl es sich nur um ein abstraktes Muster handelt, weist es auf eine zugrundeliegende Struktur hin – so wie die Form von Schneekristallen einige architektonische Merkmale von Wassermolekülen offenbart. Der Erfolg des achtfachen Weges führt unmittelbar zur keplerianischen Frage: Warum kommen die Elementarteilchen in Achtergruppen vor? Wie erklären sich die sechseckigen Muster des achtfachen Weges? Der moderne Atomist stellt das Problem auf den Kopf und fragt: Was verrät uns die Symmetrie des Musters über die Bausteine der Elementarteilchen? Im Gegensatz zu Platon sucht er nicht nach Formen, denn im wirklichen Raum gibt es keine Sechsecke. Vielmehr bezieht sich seine Frage auf den abstrakten Raum der Bezeichnungen von Eigenschaften von Teilchen. Auf diese Weise gelangte man zu folgendem Ergebnis: Wenn die sogenannten Elementarteilchen aus noch elementareren Bestandteilen, den Quarks, zusammengesetzt sind, die gebrochene elektrische Ladungen und gebrochene Strangeness-Quantenzahlen besitzen, dann genügen drei Arten, um den ganzen unübersichtlichen Teilchenzoo aufzubauen. Das war 1964. Inzwischen sind die Physiker zu der Überzeugung gelangt, daß Quarks in der einen oder anderen Form existieren müssen, doch sie bleiben unseren Blicken entzogen, eingeschlossen im Innern der Elementarteilchen. Durch die Symmetrie gibt die Natur Hinweise auf ihre Geheimnisse, aber sie läßt sie sich nicht so leicht entreißen.

Seit mehr als zweitausend Jahren lebt die Physik von zwei großen Themen: dem physikalischen Materialismus des Demokrit und dem mathematischen Idealismus seines Zeitgenossen Platon. Demokrit gründete sein Weltbild auf Atome, während Platon an den Primat der geometrischen Formen glaubte. An dem Punkt, wo die feuchtwarmen Dämpfe des Atomismus auf die kalte Klarheit der Geometrie treffen, kondensieren Ideen zu Materie und bilden Schneeflocken, kleine Makrokosmen, die durch ihre Symmetrie die Form ihrer molekularen Bestandteile offenbaren.

Atome

Ein Tropfen Lebensmittelfarbe und ein Einmachglas demonstrieren ebenso eindrücklich wie eine umfangreiche philosophische Abhandlung die Beziehung zwischen zwei Arten der Naturbetrachtung: der künstlerisch-emotionalen und der wissenschaftlich-rationalen. Man fülle das Glas mit kaltem Wasser, stelle es vor einen weißen, gut beleuchteten Hintergrund und lasse es ein paar Minuten stehen, damit es sich beruhigt. Dann füge man einen Tropfen Blau hinzu und beobachte genau, was geschieht.

Wie eine Miniaturbombe durchschlägt der Tintentropfen die Wasseroberfläche. Den Bruchteil einer Sekunde später und den Bruchteil eines Zentimeters unterhalb der Wasseroberfläche wird sein Fall abrupt gebremst und verwandelt sich in ein allmähliches Absinken. Während des Abstiegs bleibt der Tropfen durch einen Farbhals mit der Wasseroberfläche verbunden. Der Kopf expandiert und flacht sich ab. Bald sieht der Tropfen mit seinem weiter werdenden Stamm wie ein auf dem Kopf stehender Pilz aus, der sich einen Weg in die Tiefe gräbt. Die wogende Expansion der Wolke, ihr dynamischer Abwärtsdrang und ihr scharfer Kontrast zum klaren Wasser läßt für einen kurzen Augenblick an die Energieentfaltung einer umgekehrten Atomexplosion denken. Doch gleich darauf wird unsere Phantasie von neuen Erscheinungen gefangengenommen.

Die schwere Kugel am oberen Ende breitet sich aus, bis sie sich teilt. Einen Moment lang sieht sie aus wie ein Oberschenkelknochen mit den charakteristischen Gelenkköpfen an beiden Enden. Rasch trennen sich die beiden Hälften und lassen einen Verbindungssteg zurück, der noch am Stamm hängt. Der lange Hals gleicht jetzt einer blaß gefärbten Röhre, matt in der Nähe der Oberfläche und dunkler weiter unten. Die Anströmkanten, die noch immer sinken, sind tiefblau, aber sie werden langsamer. Aus den beiden Hälften des Tropfens, die sich in der Zwischenzeit möglicherweise zu Vierteln geteilt haben, und von dem Verbindungsstreifen, der bis zur Oberfläche zurückreicht, lösen sich langsam dünne Pigmentschichten wie farbige Gardinen. Wirbel im Wasser bewirken, daß sie sich drehen, ineinander verschlingen und überlagern. Wir sind an Polarlicht erinnert.

Noch lebhafter wird das Schauspiel, wenn Sie einen Tropfen Rot hinzufügen. Diese Farbe breitet sich ganz anders aus als das Blau. An einigen Stellen überlagern sich die beiden Farben, an anderen vermischen sie sich – in beiden Fällen entsteht Purpurrot. Die niedersinkenden Wolken nehmen phantastische Formen an – geisterhafte Tänzer, die ihre schillernden Umhänge in gemessenen Bewegungen wehen lassen. Wo der Stoff den Boden berührt, intensiviert sich die Farbe. In der Mitte des Glases verschwimmt sie. Das ganze Schauspiel ist wie ein sinnlicher psychedelischer Traum.

Ein Tropfen Grün bereichert den Eintopf. Alles in allem bewegt sich das Ganze abwärts, doch mit der Ausbreitung der Farbe schwebt gelegentlich ein Schleier nach oben. Was ehemals klar war, hat sich in wenigen Minuten in eine marmorierte purpurfarbene Suppe verwandelt.

Drehen oder kippen Sie das Glas: Das Gebilde in seinem Innern bleibt ruhig und unbewegt. Sie müssen schon erheblich eingreifen, etwa rühren oder schütteln, um die hartnäckige Stabilität der zarten Farbformation zu erschüttern. Nur ein Faktor kann sie zerstören – die Kraft, der alles hilflos preisgegeben ist, der Erzfeind aller Kunst und Schönheit: die Zeit. Unter ihrem Einfluß schwindet alle Illusion – schon nach einer halben Stunde ist jegliche Ordnung im Glas dem Chaos gewichen.

Neugierig fragt sich der Beobachter, der all das verfolgt: Warum? Wie funktioniert das? Was geschieht? Wie lautet die Erklärung? Warum sieht es so und nicht anders aus?

Besonders verblüffend und attraktiv an diesem Schauspiel ist das Phänomen der Diffusion – wenn sich die Farbe mit dem Wasser mischt. Ein Tropfen Öl verhält sich ganz anders als Lebensmittelfarbe, weil sich Öl nicht in Wasser löst. In den Kiosken von Kunst- und Wissenschaftsmuseen kann man neben polierten Kristallen oder Escherdrukken auch teure Spielzeuge kaufen, die das Geschehen im Einmachglas weitgehend nachstellen, nur daß sie immer wieder in ihren Ausgangszustand zurückkehren, weil sie unvermischbare Flüssigkeiten enthalten. Ihnen ist jene leichtfertige, unwiderrufliche Zerstörung der Ordnung, die wir Diffusion nennen, fremd.

Über Diffusion nachzudenken ist wie die Beschäftigung mit der Unendlichkeit: Es fängt ganz harmlos an, endet aber rasch in Verwirrung und Bestürzung. Die erste Schwierigkeit liegt in der Teilbarkeit. Offenkundig wird der Farbtropfen in Teile zerlegt, die sich mit dem Wasser mischen. Solange die Teile eine bestimmte Größe haben, ist der Vorgang nicht anders, als wenn Öl und Wasser sich mischen. Doch bei fortgesetzter Teilung werden die einzelnen Tröpfchen so klein, daß sie nicht mehr zu sehen sind und nur in ihrer kumulativen Wirkung als schwacher Farbschimmer wahrgenommen werden können. Doch wie weit kann das gehen? Wie fein läßt sich Materie unterteilen?

Nehmen wir an, der Teilbarkeit sind keine Grenzen gesetzt. Nehmen wir an, jeder Tropfen läßt sich, egal wie klein er ist, weiter teilen. Irgendwann erreichen wir dann einen Punkt, wo die Farbmaterie so winzig wird, daß sie sich dem Nichts nähert. Wo verläuft die Trennungslinie zwischen Materie und Leere? Zwischen Nichts und Etwas? Macht es noch Sinn, von einem Stück Materie zu sprechen, wenn es so klein ist, daß kein Mikroskop es sichtbar machen und keine Waage es wiegen kann? Könnte es ein Stück leeren Raum geben, das die gleichen Eigenschaften besitzt? Gehen Materie und Leere bruchlos und kontinuierlich ineinander über? Oder, wenn sie sich denn unterscheiden, wie ist dieser Unterschied definiert?

Eng mit dem Problem der Teilbarkeit verbunden ist das der Durchdringbarkeit. Angenommen, Wasser ist ein Kontinuum ohne Lücken oder Löcher irgendwelcher Art. Die Lebensmittelfarbe wäre dann ein weiteres Kontinuum, doch irgendwie gelingt es den beiden durch Diffusion, am Ende denselben Raum zur selben Zeit einzunehmen – eine Konfiguration, die gewöhnlichen Gegenständen wie Steinen, Blumen oder menschlichen Körpern unter allen Umständen verwehrt ist. Und noch bevor sich dies Wunder der gegenseitigen Durchdringung ereignet, stellt sich die Frage: Wie sinkt der Tropfen durch das Wasser? Wie sinkt überhaupt etwas durch eine Flüssigkeit? Stellen Sie sich vor, anstelle des Tropfens fiele eine Murmel ins Glas. An der Vorderseite (oder Anströmkante) der Murmel trifft Glas auf Wasser, und wenn sich die Murmel bewegen soll, muß ihr das Wasser Platz machen. Wohin soll es weichen? Es kann an der Murmel vorbei hinter sie strömen, aber erst *nachdem* sich die Murmel nach vorn bewegt und hinter sich einen freien Raum gelassen hat. Wer soll sich als erster bewegen – Gaston oder Alfonse? Oder sollen sie sich gleichzeitig bewegen? Wie verständigen sich Vorder- und Rückseite miteinander, um das Kunststück der Gleichzeitigkeit zu vollbringen?

Diese verwirrenden Fragen werden mit einem Schlag durch die atomistische Hypothese beantwortet, die besagt, daß alle materiellen Objekte aus winzigen, unteilbaren Materieteilchen bestehen, die sich in einem Vakuum bewegen. Das Wort *Atom* kommt von dem griechischen *àtomos*, «unteilbar» (*tomos* ist ebenfalls ins Deutsche übernommen worden: bei der *Tomographie* wird der Körper scheibchenweise durchleuchtet, oft mit Hilfe eines Computers, daher die Abkürzung CT). Atome lösen das Problem der Teilbarkeit per Definition: Nein, erklärt der Atomist, Materie ist nicht unendlich teilbar. Das Vakuum beseitigt das Problem der Durchdringbarkeit, indem es der Vorderfront eines eindringenden Gegenstandes kleine, leere Räume zur Verfügung stellt. So lüftet sich das Geheimnis der Diffusion. Moleküle verhalten sich wie gewöhnliche, makroskopische Gegenstände, die unter keinen Umständen denselben Platz zur selben Zeit einnehmen können.

Überraschend an der atomistischen Hypothese ist weniger ihre Unersetzbarkeit. Alle Fragen, die die Diffusion aufwirft, ließen sich vielleicht auch im Kontext der Kontinuumtheorie beantworten, ohne daß man die Atome bemühen müßte. Doch ein solches Unterfangen würde unseren Verstandeskräften ein Höchstmaß an Anstrengung abverlangen, während der Atomismus so einfach, so verblüffend einfach ist, daß der moderne Leser, der damit aufgewachsen ist, Schwierigkeiten hat, überhaupt zu erkennen, warum die Frage der Teilbarkeit und Durchdringbarkeit ein Problem darstellt.

Dank der atomistischen Hypothese kommt dem Betrachter des Einmachglases die Vorstellung eines Ballettauftritts. Die Tänzer sind Moleküle, kleine Atomklümpchen, die fest zusammenhalten. Sie sind eng zusammen und gleiten aneinander vorbei, wobei kleine Zwischenräume aus Vakuum für die geschmeidige Beweglichkeit sorgen. Die Moleküle der Lebensmittelfarbe sind größer und schwerer als die des Wassers, und sie reagieren anders auf Licht, doch in ihren Bewegungen ähneln sie einander. An der Grenzfläche zwischen Farbe und Wasser erzeugt die Wechselwirkung zwischen den unterschiedlichen Molekülarten eine Oberflächenspannung, die bestrebt ist, die Tropfen zusammenzuhalten, und zur Bildung der Schleier führt. Allerdings ist die Oberflächenspannung nicht sehr stark. Einer nach dem anderen schießen die großen blauen Eindringlinge, durch Kollisionen mit den Nachbarn auf den Weg gebracht, taumelnd und rempelnd aus dem Farbtropfen ins Wasser hinaus. Dort treffen sie auf eine große Anzahl fremder Moleküle, die für das Auge nicht sichtbar sind – Verunreinigungen wie Schmutz, Chemikalien, Luft oder Rost. Gelegentlich treibt ein größeres Objekt vorbei, das selbst aus vielen merkwürdigen Molekülen besteht, ein Sandteilchen vielleicht oder das mikroskopisch kleine Stück eines pflanzlichen oder tierischen Stoffes. Doch meistens treffen die Moleküle der Lebensmittelfarbe auf Wassermoleküle oder Vakuum.

Die Atomhypothese, die Beschreibung des Universums als ein riesiges Konglomerat von unsichtbaren Materieteilchen, ist eines der ältesten Themen in der Naturphilosophie. Noch vor der systematischen Untersuchung der Welt durch Aristoteles entwickelte sie sich aus Spekulationen über das Sein und das Nichts. Das so verstandene Atom, den fundamentalen Baustein der Materie, könnte man als «philosophisches Atom» bezeichnen, um es von späteren Spielarten zu unterscheiden.

Die eloquenteste antike Darstellung des Atomismus verdanken wir keinem griechischen Philosophen, sondern dem römischen Dichter Titus Lucretius Carus, zu deutsch Lukrez. Sein Gedicht *De rerum natura – Über die Natur –* erschien fünfundfünfzig Jahre vor Christi Geburt.

Es ist ein großartiges Werk. In siebentausendfünfhundert heroischen Hexametern behandelt Lukrez eine Fülle von Themen wie Materie, Raum, Leben, Geist, Sinneswahrnehmung, Kosmologie, Soziologie, Meteorologie und Geologie. Letztlich wird jede Erscheinung auf die Atomhypothese zurückgeführt, die der Dichter von früheren Philosophen übernimmt. Schon die Namen der Gegenstände lassen darauf schließen, daß viele Erklärungen weder modern noch besonders überzeugend sind. Die Probleme von Leben, Geist, Sinneswahrnehmung und Soziologie sind so komplex, daß der Atomismus wahrscheinlich wenig zu ihrer Lösung beitragen kann. Das Zerlegen in kleinste Bestandteile, ein Ansatz, der dem Atomismus zugrunde liegt, ist dem Verständnis kollektiver Phänomene nicht immer zuträglich. So hat es wenig Zweck, die Farbe von Autokotflügeln zu analysieren, wenn man die Gesetzmäßigkeit von Verkehrsströmen erfassen möchte. Doch in der Kosmologie, Meteorologie und Geologie hat sich der Atomismus als ein nützlicher Ansatz erwiesen. Geradezu spektakuläre Erfolge hat er seit den Tagen des Lukrez bei der Untersuchung der Materie erzielt. Warum das so ist, läßt sich ebensowenig beantworten wie die Frage, warum sich die Mathematik so gut zur Naturbeschreibung eignet.

Für Lukrez sind Atome unsichtbare, harte und unvergängliche Materieteilchen, die sich nicht trennen lassen und keine Teile besitzen. Sie können voneinander abprallen und zu Verbindungen verschmelzen. Sie sind von einem Vakuum umgeben, in dem sie sich ungehindert bewegen. Verschiedene Stoffe bestehen aus verschiedenen Atomen, doch die Atome eines Stoffes sind identisch. In allen diesen Besonderheiten eilen die philosophischen Atome des Lukrez ihren heutigen Vettern voraus.

Historiker warnen uns vor Mißverständnissen, die daher rühren, daß wir moderne Ideen in antike Texte hineinlesen. So gut dieser Rat auch sein mag, manchmal ist auch das Gegenteil wahr. Wir sollten uns hüten, Erkenntnisse zu übersehen, die wichtig sind, nur weil sie vor langer Zeit in einer anderen Epoche gewonnen wurden. Es wäre verfehlt, die vielen wilden und spekulativen Erklärungen des Lukrez als Anlaß zu nehmen, seinen Grundgedanken zu diskreditieren; dieser erweist sich nämlich auch im Lichte moderner Wissenschaft als richtig.

Bevor das Experiment zum Prüfstein wissenschaftlicher Wahrheit wurde, war die Analogie eine der wichtigsten Methoden früher Autoren der Naturphilosophie. Denen, die nicht an Atome glauben, da sie unsichtbar sind, hält Lukrez entgegen:

> Daß dich nicht Mißtraun etwa zu meinen Worten beschleiche,
> Weil man die Urelemente mit Augen zu sehn nicht imstand ist:
> Höre nun weiter von Körpern, die eingestandenermaßen
> Zwar in der Welt sich befinden und sich nicht sichtbar bekunden.
> Erstlich denk' an des Windes Gewalt! Wild peitscht er die Meerflut,
> Senkt die gewaltigsten Schiffe hinab und zerspaltet die Wolken.
> Oft durchsaust er die Felder in rasendem Wirbel und Sturme,
> Fällt dort Riesen von Bäumen und geißelt die Gipfel der Berge,
> Wälder zerschmetternd im Wehn. So rast im grimmigen Schnauben
> Durch das Gelände der Sturm und tobt mit bedrohendem Brüllen.
> Was sind also die Winde? Doch wohl nichtsichtbare Körper,
> Welche die Länder und Meere, nicht minder die Wolken des Himmels
> Fegen und mit sich reißen in plötzlichem Wirbel verheerend.
> Ebenso flutet auch plötzlich die sanfte Natur der Gewässer
> Heftig empor und verpflanzt weithin das Werk der Zerstörung,
> Wenn sie durch reichliche Regen geschwollen ihr Bette verlassen
> Und von den Bergen herab ein gewaltiger Tobel herabstürzt
> Trümmer von Wäldern mitführend und Riesen von Bäumen entwurzelnd,
> Festeste Brücken vermögen des plötzlich kommenden Wassers
> Übergewalt nicht zu hemmen. So stößt vom Regen geschwollen
> Gegen die Dämme der Fluß mit übergewaltigen Kräften,
> Alles zerstört er mit lautem Gebrüll und wälzt in den Wogen
> Riesige Felsen: er stürzt, was gegen die Fluten sich anstaut.
> So muß also sich auch das Wehen des Windes erklären.

Wie ein gewaltiger Strom so zermalmet er alles und wälzt es
Vor sich mit häufigem Stoße einher, wo immer er einfällt,
Oder bisweilen ergreift er mit drohendem Strudel die Dinge
Und trägt rasenden Fluges sie fort im rollenden Wirbel.
Also noch einmal: die Winde sind auch nichtsichtbare Körper,
Da sie in Taten und Sitten als Nebenbuhler erscheinen
Zu den gewaltigen Strömen, die sichtbare Körper besitzen.

Ihre Überzeugungskraft als wissenschaftlicher Text gewinnt die Dichtung des Lukrez aus ihrer monolithischen Struktur. Wie Euklid legt er zunächst seine Grundprinzipien – seine «Leitsätze» – dar, um gegen Ende des Buches unermüdlich seine Schlußfolgerungen daraus zu ziehen. Dieser einseitige Ansatz führt ihn oft in die Irre, doch die Zahl richtiger Schlüsse über physikalische Verhältnisse, die er aus dem Atomismus gewinnt, ist beeindruckend.

Dennoch beabsichtigte Lukrez nicht, einen wissenschaftlichen Text zu schreiben; er hatte humanitäre Motive. Für ihn ist der materialistische Atomismus eine Alternative zum Glauben seiner Zeitgenossen an heidnische Götter. Der erste Leitsatz, sein Ausgangspunkt, ist die Feststellung: «Nichts kann je aus dem Nichts entstehn durch göttliche Schöpfung.» Die ganze Welt, auch Geist und Seele des Menschen, ist ein Tanz von Atomen, den keine göttliche Einwirkung stört. Alles, was wir wahrnehmen, hat eine physikalische Ursache und läßt sich erklären, ohne daß wir die Hypothese göttlicher Intervention bemühen müßten.

In dem heroischen Bemühen, seine Leser zum Materialismus zu bekehren, ist Lukrez von dem Wunsch beseelt, sie von der Furcht vor den Göttern zu befreien, die von ihrer ungeheuren Macht launisch und grausam Gebrauch machen. Das Gedicht beginnt mit den bedeutungsschweren Worten:

Als vor den Blicken der Menschen das Leben schmachvoll auf Erden
Niedergebeugt von der Last schwerwuchtender Religion war,
Die ihr Haupt aus des Himmels erhabenen Höhen hervorstreckt
Und mit gräulicher Fratze die Menschheit furchtbar bedräuet...

Als Beispiel für die Schrecken der *religio* – so das lateinische Wort, das in manchen Übersetzungen auch mit «Aberglaube» wiedergegeben wird – berichtet Lukrez, wie Agamemnon seine Tochter Iphigenie opfert, um die Götter zu günstigen Winden für die griechische Flotte zu bewegen. Nach einer eindringlichen Schilderung dieser scheußlichen Szene macht Lukrez aus seiner Empörung keinen Hehl: «Soviel Unheil vermochte die Religion zu erzeugen.»

Auch Menschen, die keinen Kindesmord begehen, werden von der Furcht vor ewigen Qualen nach dem Tod und dem Schrecken vor Blitz, Donner und anderen Zeichen göttlichen Zorns heimgesucht. Um sie davon zu befreien, unterzog sich Lukrez der herkulischen Aufgabe, seine Ansichten in dieser langen Dichtung darzulegen.

Von Heiden und Christen wurde er gleichermaßen verdammt und verflucht. Doch obwohl er direktes göttliches Wirken bestreitet, ist seine Haltung sicherlich ehrfurchtsvoller und moralischer als die vieler seiner angeblich religiösen Kritiker. Für Lukrez ist die Natur in ihrer ungeheuren Reichhaltigkeit und Vielfalt, ihren zahllosen Wechselbeziehungen, einheitlichen Gesetzen und individuellen Unterschieden, in ihrer unerschöpflichen Fruchtbarkeit und verschwenderischen Großzügigkeit, in ihren Wundern und ihrer Schönheit besser geeignet zu frommer Betrachtung als ein Gott, der Tiere und Kinder mordet. «Frömmigkeit ist es», schreibt er, «mit ruhigem Geiste auf alles schauen zu können.»

Zwar überlebte die epikureisch-materialistische Philosophie des Lukrez das Römische Reich nicht, aber sein Atomismus erwies sich als widerstandsfähiger. Zunächst verschwand er von der Bildfläche, um dann später, gegen Ende der Renaissance, in dem Augenblick wiederaufzutauchen, als die moderne Wissenschaft geboren wurde. Entscheidenden Anteil daran hatte das Zusammentreffen zweier Entwicklungen. Zur Technik der strengen mathematischen Ableitung, die von den griechischen Geometern vervollkommnet worden war, kam nun die Experimentalmethode hinzu. In einer kurzen Spanne um die Zeitenwende 1600 wurde die Entdeckung, wie Entdeckungen möglich sind, gleich von einer ganzen Reihe westeuropäischer Philosophen gemacht. In Italien legte Galilei den Grundstein für die Mechanik, die ihrerseits die Grundlage der Physik bildet, indem er kleine Kugeln von schrägen Ebenen herunterrollen ließ und die Schwingungsdauer von Pendeln mit Hilfe von Wasseruhren maß. In Deutschland gab Johannes Kepler keine Ruhe, bis er die mathematische Beschreibung mit den Beobachtungsdaten in Einklang gebracht hatte, womit er die Astronomie von ihrer idealistischen Fixierung auf vollkommene Kreise erlöste. In England veröffentlichte William Gilbert seine Magnetismusexperimente in einer Monographie, die zum Vorbild für alle modernen wissenschaftlichen Darstellungen werden sollte. Auch die Tätigkeit des heute vergessenen Universalgelehrten und Atomisten Thomas Harriot reichte über das Jahr 1600 hinaus.

Harriot, der von 1560 bis 1621 lebte, vereint die alte mit der neuen Wissenschaft. Außerdem ist er ein Verbindungsglied zwischen der Alten und der Neuen Welt, denn er war der erste englisch sprechende Wissenschaftler in Amerika. Als Mitglied in Sir Walter Raleighs Kolonie verbrachte Harriot das Jahr 1585, mehr als zwei Jahrzehnte vor der Gründung der berühmten Jamestown-Kolonie, auf Roanoke Island, den heutigen Outer Banks von North Carolina. Dort studierte er Land und Leute, Tiere und Pflanzen der Region. Nach England zurückgekehrt, veröffentlichte er ein erstaunliches Büchlein mit dem Titel *A Brief and True Report of the New Found Land of Virginia*, das erste amerikanische Buch in englischer Sprache. Sein langer elisabethanischer Titel endet mit den Worten: «Von Thomas Harriot, in Diensten des obgenannten Sir Walter, Mitglied der Kolonie und dortselbst für Entdeckungen eingestellt. Gedruckt zu London 1588.» Was für eine herrliche Formulierung: «dortselbst für Entdeckungen eingestellt»! Ein passendes Motto für jeden Wissenschaftler.

Und in der Tat war Thomas Harriot ein vorzüglicher Wissenschaftler. Als seine Schriften endlich erschienen, wurde sein Name im Laufe der nächsten fünfzig Jahre immer bekannter. Bisweilen wird er in historischen Abrissen der Mathematik erwähnt, da einige seiner algebraischen Aufzeichnungen posthum veröffentlicht wurden. Doch seine besten Arbeiten beschäftigten sich mit der Astronomie und Physik. Im Juli des Jahres 1609 betrachtete er den Mond durch ein Teleskop. Sogar Astronomen des neunzehnten Jahrhunderts räumten ein: «Zweifellos übten sich Harriot und seine Freunde schon im Gebrauch von Teleskopen, bevor sie von Galileis Entdeckungen erfuhren.» Seine grafischen Darstellungen der Sonnenflecken vom Dezember 1610 sind die ersten überlieferten Beobachtungen dieser Art. Drei Jahre später löste Galilei mit einer eigenen Veröffentlichung über diese Erscheinung eine heftige Kontroverse aus, schmähte er damit doch die vollkommenste der göttlichen Schöpfungen, die Sonne. Harriot beobachtete die Jupitermonde und errechnete ihre Umlaufzeiten, womit er, wie seine Aufzeichnungen eindeutig beweisen, Galilei abermals zuvorkam. Warum er diese sensationelle Entdeckung nicht entschiedener publik machte – noch nicht einmal bei seinen Freunden –, ist schwer zu begreifen. Seine Beobachtungen des Kometen von 1607, der später als Halleyscher Komet bekannt wurde, waren so exakt, daß sie noch zweihundert Jahre später für Berechnungen der Umlaufbahnen benutzt werden konnten.

Daß Harriot all diese Beobachtungen machte, war späteren Astronomen durchaus bekannt. Um das Jahr 1800 versuchte der deutsche Baron von Zach den englischen Gelehrten der Vergessenheit zu entreißen, wurde aber von dessen englischen Kollegen, die offenbar um den Ruhm des von ihnen hochverehrten Galilei fürchteten, so barsch zurückgewiesen, daß er am Ende trotz lebenslangen Bemühens seine Niederlage eingestehen mußte. Harriots eigene Universität weigerte sich, seine Aufzeichnungen zu veröffentlichen, und so verschwanden er und von Zach wieder in der Versenkung.

In der Physik nahm Harriot einige der wichtigsten Entdeckungen des siebzehnten Jahrhunderts vorweg. Nach Jahren sorgfältiger Beobachtung entdeckte er das Gesetz der Lichtbrechung, das erst zwanzig Jahre später von Willebrord Snell erneut formuliert wurde und heute dessen Namen trägt. Noch vor Descartes löste er das hübsche Problem, das der Radius des Regenbogens aufgab. 1605 stellte er fest, daß grüne und rote Lichtstrahlen in Glas um unterschiedliche Beträge gebrochen werden, und kam damit Isaac Newton um sechzig Jahre zuvor. Auch um die Unterschiede der hexagonalen und kubischen Kugelpackung wußte er und besaß überhaupt Kenntnisse auf dem Gebiet der Kristallkunde, die gemeinhin Kepler zugeschrieben werden.

Die Grundlage für alle seine wissenschaftlichen Arbeiten bildet Harriots Glaube an den Atomismus, der ihn von seinen berühmteren Zeitgenossen unterschied. Als Kepler ihn in einigen Fragen der Optik um Rat bat, beschrieb Harriot ihm, wie sich Licht, das in ein transparentes Medium eindringt, durch das Vakuum bewegt und dabei von Atom zu Atom prallt. Der Brief endet mit einer liebenswerten und putzigen Passage, die auch heute noch eine verlockende Einladung zur Beschäftigung mit der Atomphysik darstellt: «Ich habe Euch nun an die Türen im Hause der Natur geleitet, hinter denen ihr Geheimnis verborgen liegt. Falls Ihr nicht eintreten könnt, weil die Türen zu eng sind, dann verflüchtigt Euch einfach und schrumpft auf die Größe eines Atoms, so werdet Ihr leicht Eingang finden. Wenn Ihr später wieder hervortretet, dann kündet mir von den Wundern, die Ihr erblickt habt.»

Doch Kepler folgte Harriots Rat nicht. Statt dessen philosophierte er auch weiterhin nach scholastischer Art über die Vereinigung der Gegensätze – Durchsichtigkeit und Undurchsichtigkeit –, während er Atome und Vakuum ablehnte. Harriots in Anlehnung an Demokrit, Epikur und Lukrez gewonnene Materietheorie, nach der sich ewige Atome in fortwährender Bewegung befinden, war eine durch und durch mechanistische Theorie, die sich nicht nur in der Optik, sondern auch in der Kristallkunde bewundernswert bewährte. In Harriots Denken verband sie sich mit einer Theorie der mathematischen Atome, die sich aus einer Untersuchung von unendlichen Reihen ergab. Beispielsweise muß sich ein Kreis aus einer unendlichen Zahl von Atomen zusammensetzen, andernfalls wäre es nicht möglich, eine unendliche Anzahl von Linien vom Mittelpunkt zum Kreis zu ziehen. Folglich sind Atome, so Harriot, den Gesetzen der Mathematik wie der Physik unterworfen.

Das große Geheimnis, das die Laufbahn des Thomas Harriot umgibt, ist die Frage: Warum ist er heute unbekannt? Zu seinen Lebzeiten bewunderten ihn viele, die von ihm gehört hatten. Aber er hatte auch Feinde. Harriots Erkenntnisse waren zu weitreichend und kamen zu früh; Krone und Kirche konnten sie nicht dulden. 1591 wurde Harriot als Atheist und Hexer angezeigt. Anfang des siebzehnten Jahrhunderts stand der Atomismus für die Lehre des Lukrez und seinen Atheismus und galt deshalb als Ketzerei – eine Auffassung, die sich bis zum Ende des neunzehnten Jahrhunderts hielt. So erreichte Lukrez, der Dichter, der angetreten war, die Menschheit vom Joch des Aberglaubens zu befreien, das Gegenteil dessen, was er beabsichtigt hatte: Zweitausend Jahre lang erschwerte er den Durchbruch der Materietheorie, die er so leidenschaftlich vertreten hatte.

In der Folge entwickelte sich der Atomismus von einer Metapher zu einer Beschreibung der Wirklichkeit. Dabei ergänzte man das philosophische Atom des Lukrez durch verschiedene andere Begriffe. So begann das chemische Atom mit Platons Elementen, wurde von den Alchemisten erweitert und erlangte seine heutige Form zu Beginn des neunzehnten Jahrhunderts, als man es für ein nützliches Modell ohne greifbare Realität ansah. Zur selben Zeit entwickelte sich die Gastheorie zu einem komplizierten und erfolgreichen mathematischen System, das von kleinen, harten Kugeln, den kinetischen Atomen, ausging. Allerdings hielten viele Wissenschaftler die chemischen und kinetischen Atome nur für nützliche Artefakte.

In den ersten zehn Jahren des zwanzigsten Jahrhunderts vereinigten sich die verschiedenen Modelle schließlich zu dem heute akzeptierten realen physikalischen Atom. Doch schon fast vor seiner Geburt war das Atom bereits wieder in Frage gestellt. Es wurde geöffnet und zerteilt, so daß Lukrez, dessen Atome definitionsgemäß unteilbar waren, widerlegt schien. Doch am Ende, als der Atomismus auf eine tiefere Ebene wechselte, sah sich Lukrez rehabilitiert. (Auf ähnliche Weise erhält das Sonnensystem seine Rotationssymmetrie zurück, wenn wir unsere Aufmerksamkeit nicht mehr den elliptischen Planetenbahnen, sondern den ihnen zugrundeliegenden Bewegungsgleichungen zuwenden.) Wie man feststellte, besteht das physikalische Atom aus mehreren elementaren Objekten – Protonen, Neutronen und Elektronen –, denen man etwas voreilig den Namen «Elementarteilchen» gab. Diese setzte man in Teilchenbeschleunigern heftigem Beschuß aus, um sie noch weiter zu zerlegen. Bei den Elektronen schlug dieser Versuch jedoch fehl: Elektronen sind die wirklich unteilbaren Atome der Elektrizität. Dagegen hat sich herausgestellt, daß Protonen und Neutronen komplizierte kleine Systeme aus fundamentalen Bausteinen, den sogenannten Quarks, sind.

Wie die Atome begannen die Quarks als bequeme Fiktionen, mit deren Hilfe es möglich war, eine große Anzahl von Experimentaldaten zu einem einfachen Muster anzuordnen. Diese «mathematischen Quarks» stehen zur Teilchenklassifikation in der gleichen Beziehung wie das chemische Atom zu Mendelejews Periodensystem. Ein anderes Bild – man könnte es das «kinetische Quark» nennen – ergab sich aus den Beschießungsexperimenten. Die Art, wie unterschiedliche Geschosse von einem Proton abprallen, offenbart das Vorhandensein sowohl winziger als auch schwerer Klümpchen im Innern des Target-Teilchens. Je höher die Energie des Geschosses, desto genauer die Rückschlüsse, die sich damit im Hinblick auf die innere Struktur des Protons ziehen lassen. Selbst bei extremsten Energien und größter Auflösung gibt es keine Hinweise, daß die Kerne auch nur die geringste Ausdehnung haben; sie sind Punkte und deshalb fundamental in einer

Weise, wie es die Protonen nie waren. Der Umstand, daß sie keine Struktur mehr besitzen, läßt hoffen, daß es ihnen erspart bleibt, in Zukunft unterteilt zu werden.

Als die mathematischen Quarks mit diesen harten, strukturlosen Klümpchen oder kinetischen Quarks gleichgesetzt wurden, nahmen sie eine greifbarere Wirklichkeit an und wurden zu «physikalischen Quarks». Heute hält man sie für die Bausteine der materiellen Welt.

Der Atomismus, der vom philosophischen Atom des Lukrez zum heutigen physikalischen Atom und von dort zu den Quarks geführt hat, ist ein gewichtiges Thema. Richard Feynman, Nobelpreisträger und wesentlich verantwortlich für die Beschreibung der Materie durch Quarks, ein Mann, an dem seine Kollegen bewunderten, wie mühelos und vollständig er über das gesamte physikalische Weltbild verfügte, faßte es in folgende Worte:

> Wenn in einer Katastrophe alle wissenschaftlichen Kenntnisse zerstört würden und nur ein Satz an die nächste Generation von Lebewesen weitergereicht werden könnte, welche Aussage würde die größte Information in den wenigsten Worten enthalten? Ich bin davon überzeugt, daß dies die *Atomhypothese* (oder welchen Namen sie auch immer hat) wäre, die besagt, *daß alle Dinge aus Atomen aufgebaut sind – aus kleinen Teilchen, die in permanenter Bewegung sind, einander anziehen, wenn sie ein klein wenig voneinander entfernt sind, sich aber gegenseitig abstoßen, wenn sie aneinander gepreßt werden.* In diesem einen Satz werden Sie mit ein wenig Phantasie und Nachdenken eine *enorme* Menge an Information über die Welt entdecken.

Phantasie und Denken sind die Schlüssel zu den Geheimnissen der Wissenschaft. Mit ihrer Hilfe lassen sich die unsichtbaren Teilchen des Windes greifbar machen, öffnen sich die engen Türen im Hause der Natur und ermöglicht ein Tropfen Lebensmittelfarbe in einem Glas einen flüchtigen Blick ins Innere dieses Hauses.

Wärme

In Helen Kellers Autobiographie gibt es einen vielzitierten Abschnitt, der beschreibt, wie das blinde und gehörlose Mädchen die Bedeutung der Sprache entdeckt. Es geschieht, als ihre Lehrerin eines Tages beschließt, sie nach draußen zu führen:

> Fräulein Sullivan brachte mir meinen Hut, und ich wußte, daß es jetzt in den warmen Sonnenschein hinausging. Dieser Gedanke, wenn eine nicht in Worte gefaßte Empfindung ein Gedanke genannt werden kann, ließ mich vor Freude springen und hüpfen.
>
> Wir schlugen den Weg zum Brunnen ein, geleitet durch den Duft des ihn umrankenden Geißblattstrauches. Es pumpte jemand Wasser, und meine Lehrerin hielt mir die Hand unter das Rohr. Während der kühle Strom über die eine meiner Hände sprudelte, buchstabierte sie mir in die andere das Wort *water*, zuerst langsam, dann schnell. Ich stand still, mit gespannter Aufmerksamkeit die Bewegung ihrer Finger verfolgend. Mit einem Male durchzuckte mich eine nebelhaft verschwommene Erinnerung an etwas Vergessenes, ein Blitz des zurückkehrenden Denkens, und einigermaßen offen lag das Geheimnis der Sprache vor mir. Ich wußte jetzt, daß *water* jenes wundervolle kühle Etwas bedeutete, das über meine Hand hinströmte. Dieses lebendige Wort erweckte meine Seele zum Leben, spendete ihr Licht, Hoffnung, Freude, befreite sie von ihren Fesseln! Zwar waren ihr immer noch Schranken gesetzt, aber Schranken, die mit der Zeit hinweggeräumt werden konnten.
>
> Ich verließ den Brunnen voller Lernbegier. Jedes Ding hatte eine Bezeichnung, und jede Bezeichnung erzeugte einen neuen Gedanken. Als wir in das Haus zurückkehrten, schien mir jeder Gegenstand, den ich berührte, vor verhaltenem Leben zu zittern. Dies kam daher, daß ich alles mit dem seltsamen neuen Gesicht, das ich erhalten hatte, betrachtete.

Die lyrische Beschreibung des Lernprozesses, mit der eindringlichen Beschwörung von Sonnenschein, Licht und Bildern durch eine Erzählerin, die sie nie direkt wird erfahren können, hebt ganz unabsichtlich eine andere Empfindung als grundlegend, dem Bewußtsein gewissermaßen vorgeordnet, hervor – das Empfinden von Wärme und Kälte. Die warme Sonne auf der Haut und ein kalter Wasserstrahl auf der Hand – das sind stumme Freuden, die wir, da wir sehen und hören können, oft als selbstverständlich hinnehmen, doch die einen tiefen Eindruck bei Menschen hinterlassen, die anderer, stärker im Vordergrund stehender Sinneswahrnehmungen beraubt sind.

Das Wärmeempfinden ist ein sonderbares Gefühl, das sich schwer in Worte kleiden läßt, nicht zuletzt, weil es in bestimmten Punkten erheblich von anderen Sinneswahrnehmungen abweicht. Der Körper nimmt Licht, Schall, Geruch und Geschmack durch spezielle Organe wahr, die auf bestimmte äußere Reize reagieren. Ebenso wird die Form, Struktur und Temperatur eines Gegenstandes mit Hilfe des Tastsinnes erkannt, der sich an der Oberfläche der Haut befindet. Insofern ist Wärme für die Sinnesorgane ein Reiz wie Licht und Schall. Doch Wärme kann auch auf allgemeinere, verschwommene Weise im ganzen Körper empfunden werden. Dabei kann ihr Ursprung sowohl innen wie außen sein: Branntwein und Wein beleben und wärmen ebenso wie die Sonne. Der ganze Körper, einschließlich seines blinden und gehörlosen Inneren, kann Wärme entdecken. Daher geht das Wärmeempfinden über das hinaus, was wir normalerweise unter Tastsinn verstehen, und sollte vielleicht zur Liste der klassischen fünf Sinne hinzugefügt werden.

Es ist bezeichnend, daß man bei der Wärmeempfindung von einem «Gefühl» spricht. Wir «fühlen» Wärme und Kälte, und in diesem Wort verbirgt sich eine aufschlußreiche Doppelsinnigkeit, denn das Wort «Fühlen» hat zwei sehr verschiedene Bedeutungen. Einerseits heißt es «durch Tasten erkunden» und entspricht in diesem Sinne der Wärmewahrnehmung durch die Haut. Andererseits heißt es aber auch «eine Gemütsbewegung erleben» und trifft in dieser Bedeutung das Phänomen weit besser, das eine allgemeine, überall spürbare Wärme im Körper bewirkt. Soziobiologen könnten geltend machen, der Fötus sei auf Wärme angewiesen, lange bevor er andere Sinnesreize wahrnehme; deshalb habe sich das Wärmeempfinden tiefer in die Psyche eingegraben und stelle ein Übergangsstadium zwischen den Wahrnehmungen des Körpers und denen des Geistes dar.

Wie dem auch sei, auf Wärme angewiesen ist nicht nur der Embryo vom Augenblick der Empfängnis an, sondern in einem umfassenderen Sinne auch das Leben selbst. Alle Tiere brauchen Wärme zum Überleben, so wenig es in einigen Fällen auch sein mag. Ferner heißt es in einer modernen Theorie zur Entstehung des Lebens auf der Erde, irgendwann vor drei oder vier Milliarden Jahren sei ein Blitz in eine Pfütze gefahren, in deren Wasser eine vielfältige Mischung chemischer Stoffe gelöst gewesen sei, einer warmen Hühnerbrühe nicht unähnlich, und habe die Bildung von Aminosäuren, den Bausteinen des Lebens, ausgelöst. In diesem Urgeschehen spielte die Wärme die gleiche Rolle wie heute im Mutterleib. Sie erhält das Leben, und ihre Abwesenheit ist gleichbedeutend mit dem Tod.

Die Kontrolle über diesen seltsamen und doch unentbehrlichen Rohstoff erhob den Menschen über das Tier. Als unsere Vorfahren lernten, das Feuer zu handhaben, überschritten sie die Schwelle zur Zivilisation. Mit der Fähigkeit, nach Belieben Wärme zu erzeugen – auch nachts und im Winter, wenn die Sonne ihre Kraft verliert –, begann die intelligente Herrschaft über die Umwelt. In der elektrifizierten Welt von heute können wir nicht nur künstliche Wärme, sondern auch synthetische Kälte erzeugen, doch diese Fähigkeit hat für den Aufstieg des Menschen keine besondere Rolle gespielt. Ihre Macht übertrugen die Götter den Menschen, indem sie ihnen das Feuer gaben, nicht das Eis.

Mit der Gravitation teilt die Wärme die Eigenschaft der Allgegenwärtigkeit. Die alles durchdringende Gravitation läßt sich weder aufheben noch abschwächen, und ihre Wirkung wird nie enden. Für unsere Körper, unsere Artefakte, unser ganzes Leben ist die unabänderliche Existenz der Gravitation eine Grundbedingung. Obwohl Wärme leichter zu kontrollieren ist als Gravitation, läßt auch sie sich nicht ganz ausschalten. Verstohlen und hartnäckig kriecht sie an die Plätze zurück, von denen sie vertrieben wurde. Allerorten, vom Mittelpunkt der Erde bis zu den fernsten Grenzen des Universums, befindet sich ein gewisses Maß an Wärme.

Allerdings gibt es auch einen großen Unterschied zwischen Gravitation und Wärme. Während erstere in Zeit und Raum kaum eine Veränderung erkennen läßt, ist letztere extrem unbeständig. In unablässigem Wechsel kommt und geht die Wärme – von Körper zu Körper, von Raum zu Raum, von Haus zu Haus, von Stunde zu Stunde, von Tag zu

Tag. Da sie einerseits für Leben und Bequemlichkeit unentbehrlich ist, sich andererseits aber höchst launisch zeigt, ist sie ein beliebtes Gesprächsthema. Wahrscheinlich ist die Lufttemperatur die meistdiskutierte physikalische Größe, wenn auch kaum verstanden. Von dem Augenblick an, da wir morgens aufstehen und unsere Kleidung für den Tag wählen, bis zu dem Augenblick, da wir zu Bett gehen und uns für die dünne oder die dicke Bettdecke entscheiden, beschäftigen wir uns mit Wärme. Den ganzen Tag lang legen wir Kleidungsstücke an und ab, öffnen und schließen Fenster, stellen Heizungen und Klimaanlagen höher und niedriger, essen warme Speisen, trinken kalte Getränke, drehen Kalt- und Warmwasserhähne auf und zu, vergleichen Wettervorhersagen. Wir stampfen mit den Füßen, reiben die Hände, fächeln dem Gesicht Kühlung zu – und versuchen in der Regel, die Wärme, die uns die Natur bietet, mit allen uns zur Verfügung stehenden Mitteln zu verändern. Anders als die Gravitation, die wir als gegeben hinnehmen, erörtern wir die Wärme in allen Einzelheiten. Wir sind bekümmert, wenn sie etwas zu wünschen übrigläßt, sind glücklich, wenn sie unseren Vorstellungen entspricht, und teilen unsere diesbezüglichen Kümmernisse in endlosen Wiederholungen allen Menschen mit, die bereit sind, uns zuzuhören. Die Umgebungstemperatur gehört zum eisernen Bestand des menschlichen Konversationsrepertoires.

Diese beherrschende Rolle der Wärme in unserem Leben, als physikalische Bedingung wie als Gefühl, hat sich auch in der Sprache niedergeschlagen. So weisen die gemäßigten Adjektive *warm* und *kühl*, ebenso wie ihre extremeren Spielarten *heiß* und *kalt*, neben ihren wörtlichen Verwendungsweisen noch eine Vielzahl übertragener Bedeutungen auf. Ein warmherziger Mensch, ein herzerwärmendes Erlebnis, warmes Licht, eine warme Stimme, mir wird warm ums Herz – damit meinen wir: gütig, erfreulich, angenehm, freundlich und beglückend. Zwar bezeichnet «kühl» manchmal Gefühlsarmut, fehlende Begeisterung, mangelndes Interesse oder, noch schlimmer, Halbherzigkeit, aber es kann auch in einem positiveren Sinne verwendet werden. Wer einen kühlen Kopf bewahrt, beweist einen nüchternen Sinn und Selbstbeherrschung. Dagegen wird Hitze häufig mit unerfreulichen Aspekten in Verbindung gebracht, weil sie über den gemäßigten Zustand der Wärme hinausgeht. Ein hitziges Temperament, ein Heißsporn, eine hitzige Auseinandersetzung, heißes Blut haben – das sind unerwünschte

Abweichungen vom Normalmaß. Abweichungen in die andere Richtung – eine kaltherzige Person, jemandem die kalte Schulter zeigen, eine kaltschnäuzige Äußerung und ein kalter Blick – sind ebenso unwillkommen. Geist und Körper bevorzugen in Sachen Wärme gemäßigte Verhältnisse.

Intuitiv oder aus Erfahrung weiß jeder um die Annehmlichkeit der Wärme, die erfrischende Wirkung der Kühle, die Plagen der Hitze und den beißenden Schmerz der Kälte. Doch nicht jeder weiß, was Wärme *ist*. Was hat es mit diesem Phänomen auf sich, das unsere Poren zum Schwitzen und unsere Haut zum Röten bringt, dessen Mangel uns veranlaßt, mit den Zähnen zu klappern, zu zittern und eine Gänsehaut zu bekommen? Welches Agens bringt das Eis zum Schmelzen und das Wasser zum Kochen? Was gart das Fleisch? Was dringt ins Streichholz und läßt es entflammen? Welch unsichtbarer Bestandteil der Luft veranlaßt an einem milden Frühlingstag die Blumen zum Blühen und die Vögel zum Singen?

Philosophische Spekulationen über die physikalische Natur der Wärme werden zu wissenschaftlichen Theorien, sobald wir Messungen vornehmen, um Qualitäten in Quantitäten zu verwandeln. Als man im siebzehnten Jahrhundert die seit langem bekannte Beobachtung, daß Wärme eine Ausdehnung der Stoffe bewirkt, zur Entwicklung des Thermometers nutzte, machte man das Problem damit zugänglich für Experimente, das heißt, man unterwarf es den Bedingungen von Exaktheit und Wiederholbarkeit. Wie so oft in der Wissenschaft, wenn eine Frage aufgeworfen wird, mußten zunächst Konzepte schärfer gefaßt und Termini definiert werden, bevor ernsthafte Untersuchungen beginnen konnten. Drei Ausdrücke, die in der Umgangssprache in etwa das gleiche bedeuten, mußten voneinander geschieden werden: «Temperatur», «Hitze» und «Wärme» werden fast austauschbar verwendet, von Wissenschaftlern aber mit unterschiedlichen Bedeutungen ausgestattet. «Hitze» gilt als eine übersteigerte Form der Wärme und fand deshalb keinen Eingang in den wissenschaftlichen Wortschatz. So bleiben nur Temperatur und Wärme, wobei erstere, da sie mit dem Thermometer gemessen wird, die Intensität oder Stärke der Erscheinung bezeichnet, während der zweite Begriff, der sich nur schwer direkt beobachten läßt, ein Maß für die Menge oder Quantität darstellt. Wäre die Wärme ein Stück Cheddarkäse, würde die Temperatur die Strenge seines Geschmacks und die Wärme die Größe des Stückes bezeichnen. Die Temperatur läßt sich, wie die geschmackliche Strenge, auch an einer kleinen Probe des Stoffes ermitteln, während die Wärme, wie die Größe des Stücks, von der Gesamtmenge der betreffenden Materie abhängt.

Das Wort «Temperatur» hat seine Wurzeln im lateinischen Verb *temperare*, das «in das richtige Verhältnis bringen, mäßigen» bedeutet. «Temperatur» bezeichnete also ursprünglich einen Akt der Mäßigung und erhielt seine jetzige Bedeutung erst mit der Einführung des Thermometers. So steht bei der Untersuchung der Wärme das Maßhalten im Mittelpunkt. Aus diesem Grund hat man im Deutschen auch die «Wärme» der «Hitze» vorgezogen. Im Englischen verhält es sich genau umgekehrt: Dort ist *heat* zum Terminus technicus geworden, während man für *warmth* keine wissenschaftliche Verwendung wußte. Deshalb ist das deutsche Wort «Wärmelehre» für den Begriff «Thermodynamik» mit weit angenehmeren Bedeutungsnuancen versehen als die englische Übersetzung *theory of heat*.

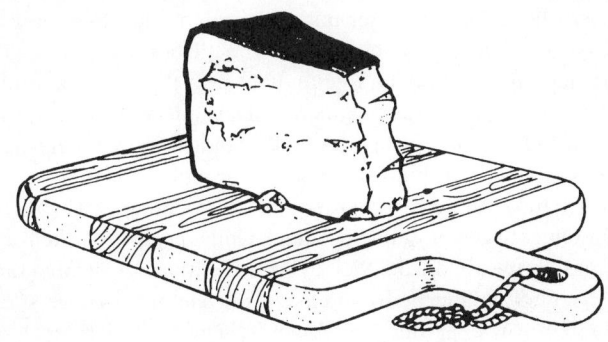

Neben der begrifflichen Trennung von «Temperatur» und «Wärme» müssen wir noch eine andere Unterscheidung vornehmen, bevor wir die Natur der Wärme richtig verstehen können. Feuer, elektrische Heizkörper, die Sonne und alle anderen leuchtenden Körper emittieren Wärmestrahlen, die, wenn sie auf die Haut treffen, jenes wohlig wärmende Empfinden verursachen, das Helen Keller so anschaulich beschreibt. Diese Art von Wärme ist etwas anderes als das, was in einem warmen Objekt enthalten und gespeichert ist. Strahlungswärme und

Licht haben einige charakteristische Eigenschaften gemeinsam: Sie lassen sich leicht durch das Aufstellen lichtundurchlässiger Schirme aufhalten, durch Spiegel reflektieren, wie etwa die glänzenden Metallschirme hinter den Glühelementen elektrischer Heizgeräte, durch Vergrößerungsgläser bündeln und durch das Vakuum interplanetarischer Räume übertragen. Die vielen Ähnlichkeiten zwischen Licht und Strahlungswärme legen die Vermutung nahe, daß sie beide Manifestationen ein und desselben grundlegenden Phänomens sind.

Daß Strahlungswärme tatsächlich eine Form des Lichts ist, wurde im Jahre 1800 eher zufällig bewiesen. In dem Bestreben, die Beziehung zwischen Farbe und Temperatur zu untersuchen, erzeugte Sir William Herschel, der Entdecker des Planeten Uranus, ein großes Farbspektrum, indem er Sonnenlicht durch ein Prisma leitete. In die verschiedenen Farben, die auf eine ebene Fläche projiziert wurden, legte er Thermometer – eins für Rot, eins für Grün, eins für Blau und so fort. Zur Kontrolle wollte er auch die Umgebungstemperatur in der Nachbarschaft seiner Versuchsanordnung messen und legte zu diesem Zweck noch zusätzliche Thermometer unter den roten und über den blauen Rand des künstlichen Regenbogens. Zu seiner Überraschung zeigte das Thermometer in der dunklen Region über dem Rot durchgehend eine höhere Temperatur als alle anderen. Das unerwartete Phänomen schrieb Herschel einem unsichtbaren Bestandteil im Sonnenlicht zu – Infrarotlicht oder Strahlungswärme –, dessen Strahlen von einem Prisma genauso gebrochen werden wie die sichtbaren Farben. Alle warmen Objekte geben, selbst wenn ihr Glühen nicht zu erkennen ist, Strahlungswärme ab, die die Welt in ein unsichtbares Leuchten taucht. Eulen, Klapperschlangen, Infanteristen mit elektronisch verstärkten Sichtgeräten sowie Spionagesatelliten sehen dank der Strahlungswärme im Dunkeln.

Daß warme Materie Infrarotstrahlung aussendet, bedeutet nicht, daß Hitze in Form von Strahlungswärme gespeichert wird, genausowenig wie das Licht, das eine Kerze ausstrahlt, ursprünglich im Wachs gespeichert wurde oder wie der Klang einer Glocke einmal im Metall eingeschlossen war. Gespeicherte Wärme ist nämlich etwas ganz anderes als Strahlungswärme. Als die Wärmetheorie im achtzehnten und neunzehnten Jahrhundert entwickelt wurde, bereitete den Naturforschern diese Unterscheidung, wie die zwischen Wärme und Temperatur, großes Kopfzerbrechen. Doch selbst wenn man diesen Unterschied und die Natur der Strahlungswärme begriffen hat, ist man der Antwort auf die Frage «Was ist Wärme?» leider noch kein Stück näher gekommen.

Der Erfolg der Fluidtheorie bei der Erklärung der Elektrizität verleitete zur Nachahmung. Zu Franklins Zeiten stellte man sich Wärme als unsichtbares Fluid vor, einen materiellen Stoff, der wie die elektrische Ladung von Gegenstand zu Gegenstand fließt. Doch selbst die Analogie, dieses leistungsfähige theoretische Werkzeug, stößt irgendwann an ihre Grenzen. (Als warnendes Beispiel mag Lukrez dienen, den die Begeisterung über die Erfolge seiner Atomtheorie in die Irre führte: Sein Versuch, alle Erscheinungen, materieller wie geistiger Art, auf Atome zurückzuführen, mußte letztlich scheitern.) Die Wärmestofflehre und eine Vielzahl von Wellentheorien, die ihre Entstehung der Verwechslung von gespeicherter Wärme mit Strahlungswärme verdankten, hielten der experimentellen und theoretischen Überprüfung nicht stand, der sie unterzogen wurden. Die Wahrheit in Sachen Wärme ist noch einfacher und schöner als alle Vermutungen, die Fluida, Atome und Wellen bemühten.

In der Wissenschaftsgeschichte gibt es eine Handvoll klassischer Experimente, die einfach zu verstehen, leicht zu wiederholen und in ihren Konsequenzen überzeugend sind. Einige, so Millikans Öltropfen-Versuch, mit dem er die Teilchennatur der Elektrizität bewies, bedeuteten echte wissenschaftliche Neuerungen. Andere, etwa Buys Ballots Bestätigung des Dopplerschen Gesetzes auf der Rheinbahn, trugen zur Verbreitung bereits vorliegender wissenschaftlicher Erkenntnisse bei. Das berühmte Experiment, das die wirkliche Natur der Wärme vor Augen führt, gehört zur zweiten Sorte.

Erdacht hat diesen beispielhaften Versuch Benjamin Thompson, Graf Rumford, einer der genialsten, einflußreichsten, vielseitigsten und energischsten Wissenschaftler seiner Zeit und zugleich einer ihrer umstrittensten, skrupellosesten, egoistischsten und verächtlichsten Vertreter. Thompsons Experiment, durchgeführt im letzten Jahrzehnt des achtzehnten Jahrhunderts, war denkbar einfach. Es bestand in der schlichten Beobachtung, daß Wärme erzeugt wird, wenn man Metall mit einem stumpfen Bohrer bearbeitet. Daß es sich bei dem Metall um ein Kanonenrohr handelte und daß Thompson in seiner Eigenschaft als

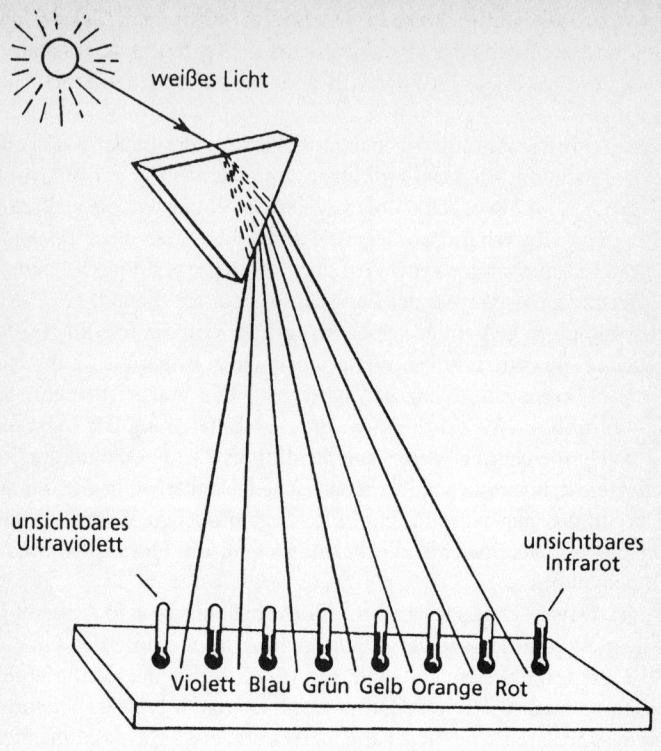

weißes Licht

unsichtbares
Ultraviolett

unsichtbares
Infrarot

Violett Blau Grün Gelb Orange Rot

General, Polizeipräsident und Kriegsminister des Herzogs von Bayern bohrte, obwohl er geborener Amerikaner und britischer Konservativer aus Überzeugung war, machte die Geschichte besonders pikant. Das Phänomen selbst ist alltäglich – um es zu demonstrieren, braucht man lediglich einen Drahtbügel. Wenn man ihn fest in beide Hände nimmt und ihn kräftig hin- und herbiegt, als wollte man ihn brechen, dann wird er bald so heiß sein, daß man ihn nicht mehr anfassen kann. Erwärmung durch äußere Reibung, wie in Thompsons Experiment, oder durch innere Reibung, wie beim Kleiderbügel, ist nichts Neues.

Neu am Experiment des Grafen Rumford war jedoch die Schlußfolgerung, die er daraus zog. Als er beobachtete, daß er stundenlang mit einem pferdebetriebenen Bohrer arbeiten konnte und daß unaufhörlich

Wärme in ausreichender Menge produziert wurde, um Wasser zu kochen, ohne daß sich eine Abschwächung zeigte, schloß er daraus, daß Wärme kein Fluid sein könne, weil ein materieller Stoff irgendwann erschöpft sein müsse. Wäre Wärme ein Fluid, das ursprünglich im Bohrer oder in der Kanone oder in beiden gespeichert wäre, müßte es zu irgendeinem Zeitpunkt aufgebraucht sein, so daß der Wärmefluß zum Stillstand käme. Dazu Rumford: «Alles, was ein *isolierter* Körper oder ein System von Körpern *grenzenlos* abgeben kann, kann auf keinen Fall ein *materieller Stoff* sein; und ich vermag mir nur sehr schwer, wenn überhaupt, eine klare Vorstellung von einer Sache zu machen, die sich in der Weise erregen und übertragen ließe, wie es in diesen Experimenten mit der Wärme geschehen ist – es sei denn, wir hätten es mit BEWEGUNG zu tun.»

Damit haben wir endlich des Rätsels Lösung: Wärme ist Bewegung. Die Bewegung der Pferde überträgt sich auf die Kanone in Form von Wärme, und die Bewegung unserer Arme wird in eine innere Bewegung des Kleiderbügels verwandelt, die sich ebenfalls als Wärme äußert. Noch klarer wird dieser Gedanke, wenn er sich mit der atomistischen Sicht verbindet, die den genauen Ort der Bewegung angibt: Wärme ist das unsichtbare, ziellose Hin und Her von unsichtbaren Atomen und Molekülen, aus denen materielle Stoffe bestehen.

Wie auf die Existenz des Atoms ursprünglich aus indirekten Anhaltspunkten geschlossen wurde, so beruht auch die Erklärung der Wärme auf einer Reihe von Argumenten, von denen Graf Rumford nur eines geliefert hat. Jedes für sich vermag nicht zu überzeugen, doch zusammen ergeben sie eine überwältigende Beweiskette. Sobald jedes Teil des Puzzles an seinen Platz gleitet, nimmt die Theorie, die die Wärme durch zufällige Bewegung erklärt, eine schlüssige Form an. Das Kanonenbohren ist ein Experiment, das mit festen Körpern arbeitet, doch für Wärme in Flüssigkeiten und Gasen gelten die gleichen Grundsätze. Auf Gase angewendet, macht die Theorie eine besonders einfache und überzeugende Vorhersage. In einem geschlossenen Gefäß übt Gas einen Druck aus, der sich als die Kraft deuten läßt, die eine Vielzahl von Gasatomen entfalten, wenn sie von den Wänden abprallen. Erwärmt man das Gas, etwa indem man eine brennende Kerze unter das Gefäß hält, bewegen sich die Atome rascher, prallen heftiger als zuvor gegen die Wände und erhöhen infolgedessen ihren Druck. Die Drucksteigerung bei Erwärmung ist eingehend beobachtet worden und entspricht in allen Einzelheiten der Berechnung, die auf der Interpretation der Wärme als Zufallsbewegung beruht.

Bestechend an der Wärmetheorie ist die verblüffende Sparsamkeit ihrer Konzepte. Statt neue unsichtbare Stoffe oder phantastisch komplizierte, verborgene Mechanismen anzunehmen, verbindet die Theorie zwei der ältesten und einfachsten physikalischen Ideen – die atomistische Hypothese und den Bewegungsbegriff. Bereits in der Antike haben die epikureischen Philosophen das Atom ersonnen. Und Aristoteles hat der Bewegung eine zentrale Rolle in der Mechanik zugeschrieben, ein Ansatz, den Galilei erweiterte und in seine moderne Form brachte. Zusammen erklären diese beiden Ideen die sinnlich faßbaren Erscheinungen der Wärme – die sich grundlegend von beiden Elementen der Theorie unterscheiden und mit ihnen offenbar nichts zu tun haben. Solche Sparsamkeit, die äußerst ergiebige und unerwartete Resultate hervorbringt, ist charakteristisch für höchste Meisterschaft nicht nur in der Wissenschaft, sondern auch in der Kunst. Wir finden sie in dem einen sicheren Kohlestrich, mit dem Picasso die Wollust beschwört, in den wenigen, traumwandlerisch gesetzten Tönen, mit denen Beethoven eine gewaltige Symphonie ankündigt, in der reinen, geläuterten Form der Akropolis, einer Zeile bei Keats und einem Absatz von Virginia Woolf. Klarheit und Einfachheit der grundlegenden Elemente, Verzicht auf allen äußerlichen Begriffsballast, Verdichtung und Gestaltungswille sind für alle Formen menschlichen Ausdrucks erforderlich.

Die Thermodynamik beruht darauf, daß sie die Eigenschaften von Atomen in zwei Kategorien unterteilt. Die inneren oder feststehenden Merkmale umfassen Größe, Aufbau, Form, Gewicht, elektrische Ladung und chemische Affinität. Weitgehend legen sie die wesentlichen Eigenschaften von Stoffen fest: Farbe, Dichte, Lichtdurchlässigkeit und so fort. Eigenschaften anderer Art, deren wichtigstes Beispiel die Bewegung ist, werden dem Atom von der Außenwelt auferlegt. Die Geschwindigkeit eines Atoms ist keine feste Größe, sondern kann jeden Wert von null bis zur Lichtgeschwindigkeit annehmen. Auch Wärme ist eine variable Größe. Ein und dasselbe Stück Stahl kann, obwohl in seiner äußerlichen Erscheinung kaum verändert, unterschiedliche Temperaturen besitzen. Die Ähnlichkeit zwischen der Geschwindigkeit von mikroskopischen Gebilden und der Wärme makroskopischer Objekte – daß sie beide veränderlich sind und auf äußere Einwirkung reagieren – ist nicht besonders aufschlußreich, genügte aber den Vätern der Theorie, so zum Beispiel Graf Rumford, die beiden Phänomene in Beziehung zu setzen. Diese kreative Verknüpfung der beiden scheinbar sehr verschiedenen Konzepte von Hitze und Bewegung ist so ergiebig und von so hohem verführerisch ästhetischem Reiz, daß sie zu den höchsten Leistungen in der Physik zu zählen ist.

Während die Relativitätstheorie, ein weiteres Meisterwerk der Physik, wie eine Sonate aus komplizierten mathematischen Widersprüchen zwischen Mechanik und Elektromagnetismus erwächst, ist die Wärmelehre wie ein bäuerliches Volkslied in der Küche zu Hause. Die Thermodynamik verdanken wir demnach Herden und Kaminen, nicht Differentialrechnung und Wellengleichung, Pfannen und Töpfen, nicht Interferometer und Kathodenstrahlröhre, Mägden und Soldaten und nicht Mathematikern und Philosophen. Graf Rumford, der amerikanische Abenteurer, betrieb seine Wissenschaft genauso, wie er sein Leben führte – pragmatisch. Sein ganzes Berufsleben hindurch beschäftigte ihn die Anwendung der Wärme. Warum verbrennt man sich den Mund an Apfelkuchen? Warum zieht ein Kamin nicht? Wie kann man Essen mit möglichst wenig Brennstoff kochen? Warum speichern Pelzmäntel Wärme? Wie kann man Dampf in einem Topf halten? Welche Gerichte liefern den größten Nährwert bei geringsten Kosten? Wie läßt sich Hammelfleisch am besten braten? Welche Form wäre für eine tragbare Kaffeekanne am nützlichsten?

Auf viele dieser Fragen fand Rumford, als Wissenschaftler wie als Oberbefehlshaber des Heeres, Antworten, die bis heute gültig sind. Mit den grundlegenden Verbesserungen, die er an Kaminen vornahm, legte er den Grundstein für alle modernen Konstruktionen. Seine Holzöfen, noch besser durchdacht als Franklins Entwürfe, beruhen sowohl auf theoretischen Überlegungen als auch auf umfangreicher Erfahrung und funktionierten deshalb besser als viele ihrer heutigen Nachfahren. Sogar Kochherde, die vor Nutzbarmachung der Elektrizität in Großküchen eingesetzt wurden, hat Rumford entworfen. Die Vorstellung, daß die Luft, die sich im Pelz fängt, den Träger vor der Kälte schützt, gilt heute allgemein als richtig. Auch die kleine Kante am Rand teurer Kochtöpfe, in der sich das Wasser sammelt und dafür sorgt, daß der Deckel fest verschlossen ist, wurde durch Rumford vervollkommnet.

Doch nicht mit all seinen Vermutungen traf Rumford ins Schwarze. Seine Wärmevorstellungen enthielten auch große Mißverständnisse. Eine der interessantesten Ideen waren die «Kältestrahlen» oder die Strahlungskälte, analog zur Strahlungswärme. «Es ist genauso abwegig», schreibt er, «Kälte als fehlende Wärme zu erklären wie einen tiefen … Ton als Fehlen eines höheren … Tons.» Die Gefahren einer Analogie am falschen Platz! So wurden zu Rumfords Zeit Kältestrahlen diskutiert und angeblich sogar nachgewiesen. Gäbe es sie wirklich, würden sie heute in Fast-food-Gaststätten verwendet. Hamburger könnte man durch Infrarotstrahler auf der Theke warmhalten und daneben Eiskrem durch Kältelampen nach Rumfords Entwurf am Schmelzen hindern. Für ihn war die Nützlichkeit der Wärmetheorie ebenso faszinierend wie ihr intellektueller Reiz. «Ich kann mir keine größere Freude vorstellen», schrieb er 1797, «als die versteckten Kräfte der Natur zu entdecken und freizusetzen! – Die Elemente in Ketten zu legen und sie nutzbar zu machen als willige Sklaven des Menschen!»

Als sich nach seinem Tode die Wärmelehre statt mit Teekesseln mit Dampfmaschinen und statt mit Kaminen mit Kraftwerken beschäftigte, wurden ihre theoretischen Grundlagen erweitert und verbessert. Der Grundsatz, daß Wärme gleich Bewegung ist, wurde durch eine Regel erweitert, die, so harmlos ihre Formulierung auch wirken mag, sehr weitreichende Konsequenzen hat. Sie wird als Zweiter Hauptsatz der Thermodynamik bezeichnet und besagt: «Unter natürlichen Bedingungen geht Wärme immer von einem wärmeren auf einen kälteren Körper über.» Die empirische Grundlage für diese Beobachtung ist so alltäglich, daß sie kaum der Erwähnung bedarf. Wenn kaltes Wasser in einem Topf auf einem Herd steht, erwärmt es sich, statt seine Restwärme an den Herd abzugeben und zu Eis zu erstarren. Immer wenn warme und kalte Dinge in Berührung kommen, fließt Wärme von dem Objekt mit höherer Temperatur zu dem mit niedrigerer Temperatur, ganz gleich welcher Gegenstand größer ist und welcher eine höhere Gesamtmenge an Wärme enthält.

Das Prinzip, das dem Zweiten Hauptsatz der Thermodynamik zugrunde liegt, ist eine weitere Überraschung und ebenso interessant wie der Zusammenhang zwischen Wärme und Bewegung. Die entscheidenden Konzepte sind Unordnung, Zufälligkeit und Wahrscheinlichkeit.

Die schlüssige Strenge des Zweiten Hauptsatzes scheint sich mit solchen Begriffen nicht zu vertragen, doch der Widerspruch ist nur oberflächlich. Die Wahrscheinlichkeitslehre befaßt sich mit den Gesetzen, die Zufallsereignissen zugrunde liegen. Beispielsweise hat das Werfen einer Münze Zufallscharakter, so daß sich das Resultat nicht voraussagen läßt, egal, wie oft man die Münze vorher schon geworfen hat. Die Frage «Welche Seite liegt das nächste Mal oben?» können wir nicht mit Gewißheit beantworten. Doch wenn wir das Problem intelligenter fassen, können wir mit steigenden Wurfzahlen immer zuverlässigere Antworten finden. Wie oft kommt Kopf bei zehn Würfen? Die Antwort lautet: «Ungefähr bei der Hälfte der Würfe», und der Bruchteil der Kopfwürfe wird nach einer Million Versuchen weit näher bei ein halb liegen als nach zehn Versuchen. Bei astronomischen Zahlen, wie man sie beim Zählen von Atomen und ihren Konfigurationen erhält, werden die Wahrscheinlichkeitsgesetze fast zur Gewißheit.

Während die Physik versucht, Regelmäßigkeiten im Verhalten der Materie zu entdecken, zerlegt der Atomismus sie in unzählige Teilchen, die sich nach der Wärmetheorie in zufälliger Bewegung befinden. Die Statistik stellt die Ordnung auf einer anderen Ebene der Analysehierarchie wieder her und ermöglicht die exakte Wissenschaft der Thermodynamik.

Um die Verteilung von Orten und Geschwindigkeiten, den fundamentalen mechanischen Eigenschaften der Atome und Moleküle, zu erfassen, greift man vor allem auf die Statistik zurück. Der Zufallscharakter dieser Merkmale bildet die wichtigste Annahme der Wärmetheorie. Wenn ein Tropfen Tinte in ein Goldfischglas fällt, breitet er sich rasch im ganzen Behälter aus. Das entgegengesetzte Szenario, eine Mischung aus Tinte und Wasser, die sich spontan in klares Wasser und einen tiefschwarzen Tropfen Tinte scheidet, ist noch nicht beobachtet worden, nicht etwa weil es unmöglich wäre, sondern weil es sehr unwahrscheinlich ist. Bei der Ausbreitung der Tintenmoleküle im ganzen Glas gibt es viel mehr mögliche Molekülanordnungen als bei der Konzentration auf einem winzigen Fleck. Deshalb ist die Wahrscheinlichkeit weit größer, daß die Teilchen, während sie umherziehen und verschiedene Positionen einnehmen, in einer der zahlreichen Konfigurationen der gleichförmigen Verteilung enden als in einer der wenigen Konfigurationen der Eingrenzung auf einen Tropfen. Bei der Verteilung von Tintenmolekülen in einem Goldfischglas ist Unordnung wahrscheinlicher als Ordnung – ebenso wie bei der Verteilung von Spielsachen und Kleidungsstücken im Zimmer eines Dreijährigen.

Der gleiche Gedankengang, auf den abstrakteren Begriff der Geschwindigkeit angewandt, erklärt auch den Zweiten Hauptsatz der Thermodynamik. Wenn wir einen warmen Stein in eine Schüssel mit kaltem Wasser fallen lassen, stoßen die schnellen Steinmoleküle gegen die Wassermoleküle und geben ihre Bewegung an diese weiter. Am wahrscheinlichsten ist, daß am Ende die Geschwindigkeit aller Moleküle, im Wasser wie im Stein, ungefähr gleich sein wird. Wären alle denkbaren Aufteilungen einer gegebenen Bewegungsmenge unter den Molekülen des Systems auf einem riesigen Computerausdruck aufgelistet, wären die Fälle, die ungefähr gleichen Geschwindigkeiten für alle Teilchen entsprächen, weit häufiger als die Fälle, in denen es zu besonderen Konfigurationen käme, etwa zu hohen Geschwindigkeiten, die auf den Stein beschränkt wären. Abermals ist Unordnung wahrscheinlicher als Ordnung.

Für die Unordnung des Ortes ist die Diffusion verantwortlich, für die Unordnung der Geschwindigkeit der Zweite Hauptsatz der Thermodynamik. In beiden Fällen legt das Bestreben der Natur, Zustände größerer Unordnung anzunehmen, einen Zeitpfeil fest. Wenn man einen Film, der zwei kollidierende Billardkugeln zeigt, vorwärts und rückwärts abspielt, ist es unmöglich, die beiden Versionen zu unterscheiden. Ein Film von einem Tropfen Tinte hingegen, der ins Wasser fällt, läßt sich korrekt nur in eine Richtung abspielen. Ebenso zeigt ein warmer Stein in einem Wassergefäß eine Temperaturentwicklung, die sich nur in einer einzigen Richtung entfaltet. Vielleicht läßt sich die Zeit, diese unbeschreibliche Größe, als der Parameter definieren, der mißt, wie die Unordnung unter dem Einfluß des Zweiten Hauptsatzes der Thermodynamik fortschreitet.

Allerdings dürfen wir nicht vergessen, daß sich Diffusion und Wärmefluß auch umkehren lassen. Tinte und Wasser können getrennt, ein Stein kann auf Kosten der Wärme im Goldfischglas erwärmt und ein unordentliches Zimmer aufgeräumt werden. Für alle diese Vorgänge sind jedoch Anstrengungen erforderlich. Von allein finden sie nicht statt. Sich selbst überlassen, strebt die Welt völliger Unordnung und gleichförmig lauer Wärme entgegen. Das ist die Bedeutung des Aus-

drucks «unter natürlichen Bedingungen» in der ursprünglichen Formulierung des Zweiten Hauptsatzes der Thermodynamik: «Unter natürlichen Bedingungen geht Wärme immer von einem wärmeren auf
einen kälteren Körper über.» Dieses natürliche Bestreben umzukehren
ist möglich, kostet aber Energie.

Daß sich die Unordnung unaufhaltsam im Universum ausbreitet,
daß seine Moleküle sich immer gleichförmiger verteilen, daß die heißen
Sterne sich abkühlen und die flüssige Lava gefrieren wird, daß alle Unterschiede schließlich aufgehoben sein und den Kosmos als monotone,
homogene, lauwarme Masse zurücklassen werden – das ist ein depri-
mierender Gedanke. Während Wärme für Leben, Freude und Vergnü-
gen steht und Feuer den Gedanken an Küche, Schmiede und Fabrik
weckt, lauert im Hintergrund der Zweite Hauptsatz der Thermodynamik und verspricht am Ende der Zeiten einen kalten Tod. Von diesem
Gedanken zeigten sich die müden, weltverdrossenen Viktorianer, er-
schlafft von den Reichtümern der industriellen Revolution, die ihnen
die Nutzbarmachung der Wärme geschenkt hatte, äußerst bekümmert
und haderten mit dem unausweichlichen Schicksal des Universums,
dem «Wärmetod», wie man ihn nannte – ein trauriges Ende, das nur
schwer mit Gottes grenzenloser Großzügigkeit in Einklang zu bringen
war. Diese Stimmung fängt Percy Bysshe Shelley in «Ozymandias» ein:

Einen traf ich, fern aus antikem Land
Der sprach: Zwei Beine, steinern, riesig, rumpflos
Stehn in der Wüste... Nahbei, halb im Sand
Liegt ein zerbrochnes Antlitz, dessen Runzeln

Kommandolächeln, kalten Hohn und Lauern
Erzähln, sein Bildner las die Züge gut
Die, aufgepreßt auf Totes, überdauern
Die formende Hand und das Herz, das sie trug:
«Ich heiß Osymandias, Königskönig:
Seht, Mächtige, mein Werk an und verzweifelt!»
Nichts sonst ist übrig. Rings um den Verfall
Des kolossalen Wracks, glatt, einsam, eben
Strecken sich Sande grenzenlos und kahl.

Ganz so pessimistisch sind wir heute nicht mehr. Seit der Jahrhundertwende, als die Physiker meinten, alle Naturgesetze zu kennen, haben
wir so viel Neues erfahren, daß wir uns keiner Sache mehr sicher sind
außer der eigenen Unwissenheit. Mit der Welt um uns herum scheint es
tatsächlich bergab zu gehen, wie es die Thermodynamik befiehlt, doch
wer weiß, was sich noch in den endlosen Räumen des Weltalls verbirgt? Neuere theoretische Spekulationen lassen erstaunliche, bislang
unentdeckte Energiequellen vermuten, mit deren Hilfe es möglich sein
könnte, eine neue Ordnung zu erschaffen und das verhängnisvolle Ver-
dikt des Zweiten Hauptsatzes aufzuheben. Materie in der Nähe von so
merkwürdigen Orten, wie es Schwarze Löcher sind, verhält sich vermutlich nach neuen und andersartigen, vielleicht auch optimistischer
stimmenden Gesetzen. Gott hat mit dem Chaos begonnen und das
Licht von der Dunkelheit, das Land vom Wasser geschieden. Auch
mußte er seine immensen Kräfte aufbieten, um das Warme vom Kalten
zu scheiden. Vielleicht hat er bislang unbekannte Möglichkeiten vorge-
sehen, den Dingen selbst jetzt noch eine neue Ordnung aufzuerlegen
und die Wärme an Orte zurückzuführen, die bereits erkaltet sind.

Das Maß aller Dinge

Für ihre Beiträge zur Theorie der Elementarteilchen erhielten Sheldon Glashow, Abdus Salam und Steven Weinberg 1979 den Nobelpreis für Physik, womit diejenigen, die nationale Erfolgslisten führten, zwei weitere Punkte für die USA und einen für Großbritannien verbuchen konnten. Statistiker wären in der Lage, weniger grobe Merkmale zu erfassen, etwa die Verteilung nach Herkunftsland, Wahlheimat, Religionszugehörigkeit, Geschlecht und Haarfarbe (Salam kommt aus Pakistan, Weinberg ist ein Rotschopf). Solche Zahlen sind nicht nur irrelevant, sondern auch verwirrend. Sie verschleiern die Tatsache, daß der Nobelpreis nicht nur Menschen, sondern auch Ideen ehrt und damit weit über Nationalität, Geschlecht, Konfession und Hautfarbe hinausreicht. In dem eindrucksvollen wissenschaftlichen Werk der drei Preisträger kommt einer Idee besondere Bedeutung zu. Der Name dieses Konzeptes ist noch unbekannter als Bezeichnungen wie *Quark*, *Charm* und *Strangeness*, denen der Wortschatz der Teilchenphysiker seine besondere Würze verdankt. Mit dem Nobelpreis von 1979 wurde das *Eichprinzip* ausgezeichnet, ein Begriff, der große Teile der gegenwärtigen Fachsprache überleben dürfte. Für sich genommen besitzt er keine besondere Aussagekraft, doch wie eine Figur in einem Wandgemälde gewinnt er Bedeutung durch seine Beziehung zum Hintergrund. Den bildet weniger eine unübersichtliche Fülle von Beobachtungen und Theorien als vielmehr eine kleine Anzahl von Vorstellungen, die die Grundzüge des physikalischen Weltbilds entwerfen, Themata oder Leitmotive, die nicht nur festlegen, wie Antworten zu finden sind, sondern auch, was für Arten von Fragen wir an die Natur zu stellen haben.

Die Themen sind einfach. Die wirklich tiefen Einsichten, die wir im Mittelpunkt der einflußreichsten Theorien finden, zumal in der Physik, sind überraschend unkompliziert. Leider liegt dieser Wesenskern der

Physik, wie die Perle in der Auster, unter dicken, weichen Schichten von Interpretation und Fachsprache verborgen, die wiederum von einer harten Schale aus Mathematik umgeben sind. Die meisten Menschen haben den Eindruck, die äußere Schale sei undurchdringlich und das Innere unverdaulich. Nur durch Sprachbilder, durch Analogien kann der Physiker die Perle hervorzaubern, ohne sich auf das mühsame Unterfangen einzulassen, die Auster schmackhaft zu machen. Wie bei jeder Übersetzung ist die Wiedergabe von Formeln durch Worte durchaus nicht immer treffend, doch die grundlegenden Ideen überstehen den Verwandlungsprozeß, da sie sehr einfach sind. «Zwar führt die Analogie oft in die Irre», sagte Samuel Butler, «aber sie tut es von allen Dingen, die wir haben, im geringsten Maße.»

Außerdem sind die Themen alt. Radikal neue Weisen der Naturbetrachtung sind sehr selten. Die meisten Ideen kommen und gehen im Laufe der Geschichte, treten in verschiedenen Verkleidungen auf, nehmen unterschiedliche Bedeutungen an, zeigen sich unvermittelt in neuen Zusammenhängen und wechseln zwischen Akzeptanz und Ablehnung. Metamorphosen sind häufiger als spontane Entstehungsprozesse – das gilt nicht nur für Tiere, sondern auch für Ideen.

Zu den einfachsten und ältesten dieser immer wiederkehrenden Ideen in der Physik gehört der Atomismus. Leidenschaftlich haben die griechischen Philosophen über die Existenz von Atomen gestritten. Im Laufe der Jahrhunderte stieg und fiel dann die Akzeptanz der Atomhypothese. Zu Beginn des zwanzigsten Jahrhunderts war die Realität der Atome bewiesen; man stellte sie sich als winzige Billardkugeln vor, die sich in ständiger Bewegung befinden. Damit war aus einer philosophischen Hypothese eine Tatsache geworden, allerdings mit einer entscheidenden Veränderung. Wie sich aus Experimenten ergab, waren die neuen Atome in hohem Maße teilbar. Nachdem man die äußeren Schalen abgestreift hatte, spaltete man den Kern und zerlegte auch noch seine Teile. Die Endprodukte dieser wilden Zertrümmerungsprozesse, die Quarks, lassen sich nur noch indirekt beobachten. Zusammen mit den Elektronen gelten sie als die fundamentalen Bausteine der Materie, die Atome unserer Zeit.

Eine einfache Idee – so alt wie die Naturphilosophie selbst – ist das Symmetriekonzept. Regelmäßige Formen sprechen Auge und Sinn an. Es ist eine höchst angenehme Überraschung, das Muster des Oriongür-

tels im unendlichen, zufällig angeordneten Sternenteppich zu entdek-
ken. Es ist ein magisches Erlebnis, in einem Becher voller Salzwasser zu
beobachten, wie ein wachsender Kristall vollkommen ebene Seiten und
rechtwinklige Ecken annimmt. Es ist beruhigend, den kreisförmigen
Wellen zu folgen, die sich unter leichtem Regen ausbreiten. Wie die
Maler und Dichter haben die Physiker in der Natur stets nach Symmetrie gesucht.

Aristoteles lehrte, daß die Kreisbewegung in ihrer Vollkommenheit
göttlich sei – und umgekehrt. Deshalb vertrat er mit aller Entschiedenheit die Ansicht, daß jede Himmelsbewegung kreisförmig sein müsse,
eine Auffassung, die fast zweitausend Jahre Bestand haben sollte. Als
die Welt von Kepler erfuhr, daß Planeten elliptischen Bahnen folgen,
löste das eine tiefreichende geistige Krise aus. Auch Ovale sind ästhetisch ansprechend, aber sie sind bei weitem nicht so vollkommen wie
Kreise, und so war die Vorstellung von der göttlichen Symmetrie
gründlich erschüttert. Doch auf einer höheren Ebene wurde sie schon
bald rehabilitiert, als Newton bewies, daß die perfekte, kreisförmige
Symmetrie sich nicht in der tatsächlichen Planetenbewegung zeigt, sondern in den mathematischen Gleichungen, die sie bestimmen. Auf diese
formale Eigenschaft des zweiten Newtonschen Gesetzes und die Verbindung mit seinem allgemeinen Gravitationsgesetz ist die Begeisterung der
Physiker zurückzuführen. Für das geübte Auge ist die Symmetrie der
Gleichung so offenkundig und so angenehm wie die Symmetrie eines
Kreises für den Laien. Damit ist an die Stelle der alten griechischen
Fixierung auf den Kreis ein mathematisches Theorem getreten, aber die
kreisförmige Planetenbahn kann noch immer als Metapher für die zugrundeliegende mathematische Symmetrie dienen.

Eine dritte sehr alte und zugleich sehr naheliegende Idee ist die Relativität. Heute bezeichnet das Wort zwei vollständige Theorien, die spezielle und die allgemeine Relativitätstheorie, die beide von Albert Einstein formuliert wurden, obwohl das ursprüngliche Konzept viel älter
ist. In ihrer einfachsten Form versteht man unter Relativität die Erkenntnis, daß jede Veränderung, und insbesondere jede Bewegung, relativ ist. Ein anschauliches Beispiel ist die tägliche Bewegung der
Sterne. Alle vierundzwanzig Stunden scheint sich der ganze Himmel in
einer imposanten Prozession einmal um die Erde zu drehen. Vor mehr
als zweitausend Jahren entdeckte Herakleides Pontikos, daß man die

gleiche Erscheinung auch erklären kann, indem man annimmt, daß sich die Erde unter einem feststehenden Firmament um die eigene Achse dreht. In beiden Beschreibungen des Universums bleibt die relative Bewegung von Beobachter und Sternen die gleiche. Viel später stieß Galilei, als er die parabolische Wurfbewegung untersuchte, auf jenes Relativitätsprinzip, das Einstein schließlich als erstes der beiden Axiome in der speziellen Relativitätstheorie verwendete. Danach ist die Naturbeschreibung innerhalb eines Bezugssystems, etwa dem Laderaum eines Schiffes auf See, nicht anders als bei einem Schiff, das im Hafen liegt. Das Bezugssystem in Bewegung und das Bezugssystem in Ruhe sind äquivalent. Daraus folgt, und das ist eine wichtige Konsequenz, daß es unmöglich ist, ein Objekt zu finden, das wahrhaft in Ruhe ist. Wenn ich erkläre, eine Billardkugel befindet sich auf einem Tisch in Ruhe, dann darf ein Beobachter in einem vorbeifahrenden Auto mit Fug und Recht behaupten, in Wirklichkeit bewege sich die Kugel. Insofern ist das Relativitätsprinzip für jeden Gegenstand mit Masse auf dieser Welt eine Art Ermächtigungsgesetz zur gleichförmigen Bewegung.

Atomismus, Symmetrie und Relativität gehören zu den ergiebigsten Themen der Physik. Auf diese Liste gehört heute auch das Eichprinzip, komplizierter als die anderen und doch mit ihnen verflochten. «Eichen» heißt laut Duden: «Maße, Meßgeräte prüfen und mit der Norm in Übereinstimmung bringen.» Leider nützt uns die ursprüngliche Bedeutung des Wortes wenig, um das Eichprinzip zu erklären, denn es handelt sich um eine mathematische Eigenschaft bestimmter Theorien, die nichts mit Maßen und Meßgeräten zu tun hat. In unserem Zusammenhang müssen Umschreibungen und Gleichnisse den Platz einer angemessenen mathematischen Definition einnehmen. Doch selbst auf die Gefahr hin, daß sich nur ein vages Verständnis vermitteln läßt, lohnt sich die Mühe, denn das Eichprinzip wird mit Sicherheit in der Physik der Zukunft eine große Rolle spielen. Daß der Name eines so wichtigen Konzeptes seiner Wortbedeutung nach mit Meßvorgängen zu tun hat, ist nicht unangebracht, denn Quantifizierung und Messung sind von fundamentaler Bedeutung für die Naturwissenschaften. In diesem übertragenen Sinne mag deshalb auch die Bezeichnung *Eichprinzip* gerechtfertigt sein.

Das Ziel, das die Physik mit Hilfe des Eichprinzips zu erreichen hofft, ist nicht gerade bescheiden: eine Theorie, die alle Naturkräfte vereinheitlicht – Gravitation, Elektromagnetismus, die «schwache Wechselwirkung» oder «schwache Kraft», die für den radioaktiven Zerfall von Atomen und Teilchen verantwortlich ist, und die «starke Wechselwirkung» oder «starke Kraft», die den Atomkern zusammenhält.

Eine vereinheitlichte Beschreibung von verschiedenen Kräften ist eines der Hauptziele in der modernen Physik. 1600 zeigte William Gilbert, daß der magnetische Einfluß der Erde von gleicher Art ist wie der des Magnetsteins in seinem Labor. 1660 bewies Isaac Newton, daß die Kraft, die den Apfel vom Baum fallen läßt, auch den Mond in seiner fernen Umlaufbahn hält. Damit vereinigte er die scheinbar unterschiedlichen Phänomene der Erd- und der Himmelsgravitation. Die atmosphärische und die künstliche Elektrizität vereinigte Benjamin Franklin 1752. Hans Christian Ørsted wies 1820 nach, daß ein elektrischer Strom die gleiche Kraft ausübt wie ein Magnet. In den sechziger Jahren des neunzehnten Jahrhunderts gelang James Clerk Maxwell der Nachweis, daß Elektrizität und Magnetismus – ebenso verschieden wie Bernstein und Magnetstein, denen sie ihre Namen verdanken – Manifestationen ein und desselben Effektes sind, der sogenannten elektromagnetischen Kraft. Seine späteren Jahre widmete Einstein dem erfolglosen Versuch, Elektromagnetismus und Gravitation zu vereinigen. In allen Fällen ging es um die Sparsamkeit der Beschreibung: mit möglichst wenig Annahmen und Konzepten möglichst viele Phänomene zu beschreiben.

Der Optimismus, der gegenwärtig in der Teilchenphysik herrscht, erklärt sich vor allem aus der experimentellen Bestätigung einer vereinigten Theorie der elektromagnetischen und der schwachen Kraft. Etwas phantasielos als *elektroschwache Theorie* bezeichnet, fußt sie auf dem Eichprinzip. Auch einer Theorie der starken Kraft, die noch keinen so festen Platz in der Physik gefunden hat wie die der elektroschwachen Kraft, empirisch aber in beachtlichem Umfang bestätigt werden konnte, liegt das Eichprinzip zugrunde. Die endgültige Zusammenfassung aller bekannten Kräfte beschwört man mit so überschwenglichen Ausdrükken wie *Große Vereinheitlichung, Supersymmetrie* oder gar *maximale supersymmetrische große Vereinheitlichung.* Noch hat man diese endgültige Theorie nicht gefunden, ist sich aber allgemein einig, daß das Eichprinzip wesentlich an ihrer Formulierung beteiligt sein wird.

Doch worum geht es bei diesem Eichprinzip im einzelnen?

Stellen Sie sich eine blau marmorierte Bowlingkugel vor, die in der Mitte eines weichen, grünen Tuchs liegt. Denken Sie sich ferner eine weiße Billardkugel, die in einiger Entfernung ebenfalls auf dem Tuch liegt. Aus einem Ballon hoch über diesem Arrangement sieht ein Beobachter beide Kugeln, wobei die weiße Billardkugel wie ein weißer Fleck aussieht. Bei genauerem Hinsehen erkennt er, daß der Punkt sich direkt auf den Mittelpunkt der Bowlingkugel zuzubewegen beginnt, zunächst unmerklich, doch dann mit wachsender Geschwindigkeit. Wenn der Beobachter eine philosophische Ader besitzt, wird er sich über die Bewegung des Punktes seine Gedanken machen und versuchen, die Erscheinung in irgendeiner Weise zu deuten.

Um die Frage zu vereinfachen, wird er sich, statt den gesamten Verlauf der Bewegung zu betrachten, nur auf einen kurzen Zeitabschnitt konzentrieren, in dem die Kugel eine winzige Strecke zurücklegt. Wenn der Beobachter diesen kleinen Ausschnitt beschreiben kann, dann wird es ihm, so glaubt er, die durchgehend geordnete und kausale Beschaffenheit der Welt ermöglichen, den nächsten Schritt vorherzusagen,

dann den darauf folgenden und so fort bis zum Schluß. Eine solche Analyse läuft auf eine Art Atomismus der Bewegung hinaus, auf die Hoffnung, daß wir, wenn wir die Teile verstehen, auch das Ganze meistern können. Die Griechen und in ihrer Nachfolge die Naturphilosophen bis hin zu Galilei und Kepler im siebzehnten Jahrhundert waren mit der Geometrie vollkommener Bahnen befaßt – Geraden, Kreisen, Parabeln, Ellipsen und Hyperbeln –, wie man sie in der Natur findet. Mit Hilfe von Newtons Methode des schrittweisen Vorgehens, die man in der Mathematik als Infinitesimalrechnung bezeichnet, kann man die gleichen Formen ableiten, aber auch Figuren von viel größerer Komplexität.

Der Beobachter im Ballon kann zwischen drei Arten wählen, zu erklären, warum und wie sich die Billardkugel bewegt. Die drei Erklärungsweisen entsprechen drei Theorien über das Wesen von Kräften.

Nach einem einfachen, alten und wahrhaft magischen Verständnis ist der weiße Fleck ein Teilchen, das irgendwie von der Bowlingkugel beeinflußt wird. Der Einfluß – ein Zug oder eine Anziehungskraft – geht strahlenförmig von der Bowlingkugel aus. Seine Stärke und Veränderung mit der Entfernung hängt von den Eigenschaften der beiden Gegenstände auf dem Tuch ab, doch sein Ursprung bleibt ungeklärt. Diese Deutung, Fernwirkung genannt, ist für uns noch immer ebenso geheimnisvoll, wie sie es für Newton war, der sie entwickelte.

Das Problem der Fernwirkung liegt darin, daß sie sich mit unserem intuitiven Verständnis nicht verträgt. Wenn sich materielle Objekte nicht berühren, dürften sie eigentlich nicht den mindesten Einfluß aufeinander ausüben – es sei denn, es gibt ein Medium oder einen Mecha-

nismus, der vermittelnd dazwischentritt. Dennoch hat man Gravitation, Elektrizität und Magnetismus als Fernwirkung beschrieben, und lange Zeit reichte diese Erklärung aus.

Die zweite Erklärung, auf die der philosophische Ballonfahrer verfallen könnte, ist komplizierter. Da er die Fernwirkung ablehnt, nimmt er nun an, die Billardkugel reagiere nur auf ihre unmittelbare Umgebung. Insbesondere könnte er vermuten, daß das Erscheinungsbild des Tuches täuscht. In Wirklichkeit ist es verworfen und sieht nur von oben eben aus. Wenn man es wie ein Trommelfell über einen Rahmen ohne Tischplatte spannt, sackt es in der Mitte durch das Gewicht der Bowlingkugel nach unten. Überall neigt es sich leicht zur Mitte. Plaziert man einen Gegenstand auf dem Tuch, so wird er auf dieser schrägen Ebene hinunterrutschen. Der Beobachter kann die Verwerfung des Tuchs von oben nicht erkennen, aber er kann die Bewegung der Gegenstände sehen. Im übrigen sind zwei Gegenstände, die nahe beieinander liegen, der gleichen Neigung ausgesetzt und bewegen sich deshalb mit gleicher Geschwindigkeit, wie es Galileis Gesetz verlangt, nach dem alle Massen mit gleicher Beschleunigung fallen.

Das Ganze ist ein Bild für den gekrümmten Raum der allgemeinen Relativitätstheorie. Zwischen den beiden Kugeln gibt es keine direkte Kraft. Statt dessen wird der durch das Tuch dargestellte Raum unter dem Einfluß der großen Masse gekrümmt und wirkt seinerseits auf die kleinere ein. Der Raum vermittelt zwischen den beiden Objekten. Ursache und Wirkung sind einander nahe: Beeinflußt wird ein Gegenstand nur durch die Form des Tuches, das er berührt. Leider führt diese Analogie, so anschaulich sie ist, zu einem Zirkelschluß, denn die seitliche Bewegung der Billardkugel läßt sich nur durch die abwärts gerichtete Gravitationskraft erklären. Da das Modell aber die Gravitation gerade *erklären* soll, ist diese Voraussetzung natürlich ein entscheidender Mangel. Ein besserer Vergleich beseitigt diesen Nachteil zwar, kompliziert den Sachverhalt aber durch explizite Einführung

des Zeitbegriffs. Die allgemeine Relativität ist eine Gravitationstheorie auf der Basis einer gekrümmten Raumzeit, eines wahrhaft unvorstellbaren Konzeptes.

Trotz ihrer begrifflichen Schwierigkeiten ist die geometrische Erklärung der Gravitation durch die allgemeine Relativitätstheorie äußerst erfolgreich. Bis heute ist es jedoch nicht gelungen, andere Kräfte, wie etwa den Elektromagnetismus und die starke oder die schwache Wechselwirkung, in diesen Entwurf einzubeziehen.

Die dritte Alternative, die sich dem kühnen Ballonfahrer bietet, ist eine Analogie nach Art des Eichprinzips. Abermals stellt er sich vor, das Tuch sei flach, verwirft aber die Fernwirkung. Wie im zweiten Bild geht er davon aus, daß die Billardkugel nur auf Bedingungen in ihrer unmittelbaren Nachbarschaft reagiert – das heißt, daß sie nur dem Einfluß der direkten, unmittelbaren Wechselwirkung mit den Dingen unterliegt, die sie berührt. Da das Tuch, das den Raum darstellt, eben ist, liefert es keine Ansatzpunkte zur Erklärung der Bewegung. Folglich richtet der Ballonfahrer seine Aufmerksamkeit auf die Kugel selbst.

Falls die Kugel absolut rund und glatt ist, makellos und ohne Farbflecke, läßt sich eine Drehung um ihre Achse nicht wahrnehmen. Aufgrund der sphärischen Symmetrie sieht die Kugel von allen Seiten gleich aus – die Rotation ist unsichtbar. Selbst mit dem besten Fernrohr kann der Ballonfahrer nicht feststellen, ob die Kugel sich dreht oder nicht. Dagegen ist eine Translationsbewegung der Kugelmitte leicht zu erkennen und läßt sich in bezug auf die ruhende Bowlingkugel messen.

Der Ballonfahrer begreift, daß er die Möglichkeit einer Kugelrotation in Betracht ziehen sollte, einfach deshalb, weil er sie nicht ausschließen kann. Sobald man annimmt, daß die Billardkugel sich dreht, während sie das Tuch berührt, ist natürlich davon auszugehen, daß sie rollt. In dieser groben Analogie für das Eichprinzip ist die Erklärung für die Bewegung des weißen Flecks einfach das Rollen der Billardkugel. Man setzt keine äußere Kraft voraus, keine Raumkrümmung, sondern nur die Möglichkeit, daß eine symmetrische Kugel tatsächlich rotiert.

So unzulänglich die Modelle auch sind, sie verdeutlichen doch einen wichtigen Punkt: Sie zeigen, was für Kräfte sich in die Theorien eingliedern lassen. Die Fernwirkung leidet unter einem Übermaß an Allgemeingültigkeit, denn das System kann eine unendliche Zahl verschiedener Kräfte erklären. Als man mit seiner Hilfe einst Elektrizität, Magnetismus, Gravitation und andere makroskopische Phänomene analysierte, war die Allgemeingültigkeit noch eine Tugend, erlaubte sie es doch, unterschiedliche Effekte innerhalb eines gemeinsamen Bezugssystems zu beschreiben. Heute dagegen ist man bestrebt, die Zahl der Alternativen einzuschränken, eine Formulierung zu finden, die nur die in der Natur vorgefundenen Kräfte einbezieht und alle anderen ausschließt. Dazu trägt die Fernwirkung nicht gerade bei. Das entgegengesetzte Problem wirft die allgemeine Relativitätstheorie auf. Sie enthält so starke Einschränkungen, daß nur die Gravitation, und keine andere Kraft, in ihren engen Grenzen Platz findet. So erfährt beispielsweise jeder Gegenstand, den man auf das Tuch setzt, die gleiche Beschleunigung zur Mitte hin. Abstoßungskräfte, wie die elektrische Kraft zwischen zwei gleichen Ladungen, und seitlich wirkende Kräfte, wie der Magnetismus, werden ausgeschlossen. Das dritte Modell nimmt eine Mittelstellung zwischen Allgemeingültigkeit und Beschränkung ein. Durch Ausrichtung der Kugelrotation nach vorn, nach hinten und zur Seite werden Anziehungs-, Abstoßungs- und sogar Querkräfte möglich. Doch obwohl sich Größenordnung und Richtung verändern lassen, paßt nur eine kleine Zahl von Kräften, diejenigen, die zur Rollbewegung einer Billardkugel führen, ins Bild. Damit schließt das Eichprinzip eine unendliche Zahl vorstellbarer Kräfte aus, während es gleichzeitig diejenigen zuläßt, die in der Natur vorkommen.

Das tatsächliche Eichprinzip weicht in einem entscheidenden Punkt von dem Modell ab. Ein fundamentales Teilchen, wie ein Quark oder ein Elektron, besitzt keine dreidimensionale Gestalt wie eine Billardkugel. Es ist ein Atom in der ursprünglichen Bedeutung des Wortes: Es ist *unteilbar*. Folglich besitzt es keine Teile, keine Struktur, keine Größe. Es ist ein mathematischer Punkt, und Punkte können sich nicht drehen. Statt dessen stattet man es mit fiktiven inneren Achsen aus – einer

Reihe imaginärer Linien, die wie Funkantennen aus einem kugelförmigen Mini-Sputnik ragen. Je nach Art des Teilchens können es ein, zwei oder eine große Zahl von Achsen sein. Da die Achsen hypothetisch sind, kann die Orientierung der ganzen imaginären Struktur kaum eine Rolle spielen; wenn man sie dreht, bleibt alles unverändert. Man bezeichnet die Theorie als symmetrisch bei Rotation um die Achsen, genauso wie die Billardkugel rotationssymmetrisch ist. Doch Rotationssymmetrie *erfordert*, wie der Ballonfahrer erkannt hat, die Möglichkeit einer Rotation. (Erinnern wir uns daran, daß Galileis Relativitätsprinzip die Möglichkeit einer gleichförmigen Bewegung in gerader Linie *erfordert*.) Nun gibt es allerdings eine Verbindung zwischen den fiktiven inneren Achsen und dem realen dreidimensionalen Raum. Diese Verbindung, eine rein mathematische Beziehung, wird durch die Berührung der Billardkugel mit dem Tuch symbolisiert. Dabei bewirkt die Verbindung, daß das Teilchen, während es rotiert, seine Bewegung durch den realen Raum verändert. Folglich bietet die neue Theorie eine Alternative zur üblichen Beschreibung der Beschleunigung als Reaktion auf äußere Kräfte. In seiner entschiedensten Formulierung behauptet das Eichprinzip, daß alle Kräfte in der Natur auf diesen Mechanismus zurückzuführen sind und daß sie sich durch geeignete Wahl der inneren Achsen zu einer vereinigten Theorie zusammenfassen lassen.

Die Einführung einer fiktiven Menge von inneren Achsen nebst der Bedingung, daß die Drehung nicht wahrnehmbar ist, scheint eine unnötige Komplikation darzustellen und überdies das Sparsamkeitsprinzip zu verletzen – doch dank dieser Vorschrift erübrigen sich andere Ad-hoc-Annahmen über Kräfte, so daß sich der Aufwand durchaus lohnt. Nachdem Physiker eine Zeitlang mit Eichtheorien gearbeitet haben, ist dieser zusätzliche Schritt für sie so selbstverständlich, wie wenn sie in ihrer Vorstellung von gleitenden auf rollende Billardkugeln umschalten müßten. Ist dieser wichtige Schritt erst einmal vollzogen, erweist sich die Theorie als so ergiebig und dabei gleichzeitig so unkompliziert, daß sie einen geradezu ästhetischen Reiz gewinnt. Zu einer ernsthaften physikalischen Hypothese macht sie der Umstand, daß sie zu sehr spezifischen und detaillierten Vorhersagen über die Eigenschaften und Wechselwirkungen von Teilchen führt. In dem Maße, wie sie verifiziert werden, sind die zusätzlichen Voraussetzungen gerechtfertigt.

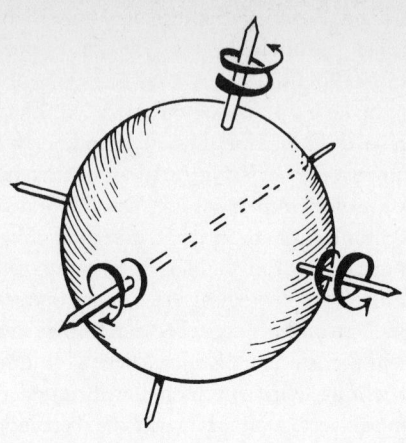

Dank des Eichprinzips war es möglich, die elektromagnetische Kraft und die schwache Wechselwirkung zu vereinigen, ein Vorschlag, der erstmals 1967 von Steven Weinberg, damals Harvard University, und 1968 von Abdus Salam, Imperial College in London, unterbreitet wurde. Die weitere Entwicklung dieser Theorie in intensiver experimenteller und theoretischer Arbeit überzeugte die *scientific community* davon, daß sie schlüssig genug sei, um das Gütesiegel in Form des Nobelpreises zu erhalten. Die Veränderung, die die elektromagnetische Kraft durch ihre Vereinigung mit der schwachen Kraft erfahren hat, ist sehr gering, konnte aber gemessen werden. Doch diese winzige Korrektur an der Maxwellschen Theorie fällt nicht besonders ins Gewicht, bedenkt man, daß das Weinberg-Salam-Modell vielleicht die Möglichkeit bietet, Fortschritte bei der Vereinigung aller bekannten Kräfte zu erzielen. Sie ist ein weiterer Schritt dem Ziel entgegen, das schon Gilbert, Newton, Franklin, Ørsted, Maxwell und Einstein im Auge gehabt haben.

Im Laufe der Zeit wird sich das Eichprinzip einen Platz unter so ehrwürdigen Themen wie dem Atomismus, der Symmetrie und der Relativität erobern, denn es vermittelt ebenso grundlegende Einsichten in die Wirkungsweise der Natur. Wenn wir der Geschichte trauen dürfen, wird die Formulierung des Eichprinzips mit der Zeit einfacher und verständlicher werden. Man wird neue Beschreibungen seines Inhalts und neue Analogien entwickeln, bis es schließlich so geläufig ist wie der Atomismus, so einleuchtend wie die Symmetrie und so verständlich wie die Relativität. In der Zwischenzeit müssen wir uns eben mit der schlichten Vorstellung einer glatten weißen Billardkugel bescheiden, die auf einem grünen Tuch rollt.

Auf die Quarks angewandt, führt das Eichprinzip zu einer Kraft mit seltsamen neuen Eigenschaften. Anziehungskraft und Elektromagnetismus, die vertrauten Kräfte der makroskopischen Welt, verlieren mit der Entfernung an Stärke. Wären beispielsweise Erde und Sonne weit genug voneinander entfernt, so würde die wechselseitige Anziehungskraft der beiden so schwach, daß sie ihre Wirkung verlöre. Umgekehrt gewinnen diese Kräfte an Stärke, wenn sich zwei Körper näher kommen. Quarks wechselwirken gravitationell und elektromagnetisch, besitzen aber außerdem noch innere Achsen, die einer anderen und stärkeren Kraft von genau entgegengesetztem Verhalten entsprechen.

Die starke Wechselwirkung zwischen den Quarks wird mit der Entfernung stärker. Bei Elementarteilchen empfand man dieses Verhalten als ungewöhnlich und verdreht, obwohl es in der alltäglichen Welt an der Tagesordnung ist. Gummibänder und Stahlfedern zeichnen sich durch genau diese Eigenschaft aus. Je weiter man sie auseinanderzieht, desto schwieriger wird jede weitere Dehnung. Von den Quarks meint man, daß sie durch eine ähnliche, auf dem Eichprinzip beruhende Kraft zusammengehalten werden. Bei geringem Abstand ist sie so schwach, daß die Quarks kaum aufeinander einwirken – wie Murmeln, die durch ein lockeres Gummiband verbunden sind –, doch bei Abständen von einigen Kerndurchmessern wird die Kraft unüberwindlich. Nach dieser Theorie sind die Quarks dazu bestimmt, dicht beieinander zu bleiben. Es heißt, sie seien an den Kern gebunden und niemals einzeln zu finden.

Damit hat der Atomismus eine neue Wendung genommen. Bestandteile, die nicht isoliert auftreten können, sind strenggenommen keine Bestandteile. Am Anfang der atomistischen Lehre stand ja die Hoffnung, daß man die Welt als ein Gebäude aus fundamentalen Bausteinen verstehen kann, die sich trennen, untersuchen, handhaben und wieder zusammenfügen lassen – eine Beschreibung, die auf Quarks ganz und gar nicht zutrifft. Sie sind Bausteine, die für immer aneinan-

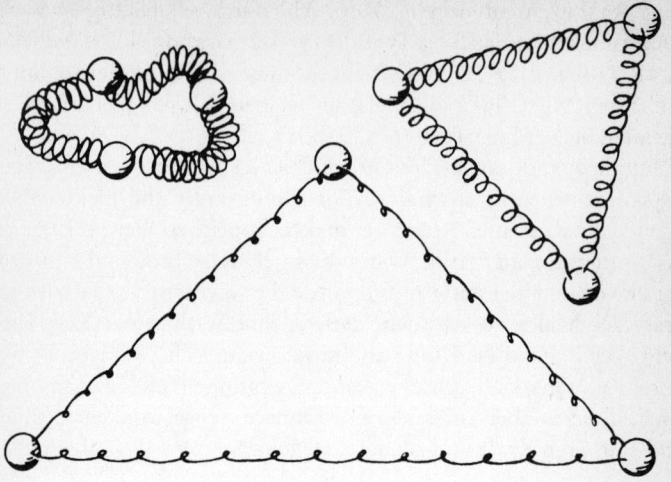

der gebunden sind, eine Situation, die fast paradox zu nennen ist. Die Natur liebt eben Überraschungen.

Am Anfang des zwanzigsten Jahrhunderts mußten sich die Physiker mit der Vorstellung von teilbaren Atomen abfinden. Später entdeckten sie, daß sich Teilchen manchmal wie Punkte mit Masse und manchmal wie Wellen verhalten. In der zweiten Jahrhunderthälfte wurde die Frage, ob Elementarteilchen möglicherweise doch nicht elementar sind, erneut aufgeworfen. Heute hat es den Anschein, als müßten wir den Teilchenbegriff noch einmal überarbeiten, um die Möglichkeit zu berücksichtigen, daß es Teilchen gibt, die permanent in komplexere Einheiten eingebunden sind. Es ist beruhigend, daß selbst ein so ehrwürdiges und grundlegendes Thema wie der Atomismus Veränderungen unterworfen ist. Physiker sind sich der Vorläufigkeit ihrer Schlußfolgerungen durchaus und manchmal schmerzlich bewußt. Im Interesse einer immer exakteren Naturbeschreibung werden die Experimente und Theorien ständig verbessert. Die Themata aber, die Annahmen, die sowohl der Beobachtung als auch der Analyse zugrunde liegen, bleiben meist unausgesprochen und relativ unverändert. Dieser Konstanz verdankt das Unterfangen der Physik seinen historisch einheitlichen Charakter, sie birgt allerdings auch die Gefahr von Stagnation.

Schließlich stoßen aber auch die einfachen, alten Themata auf die harte Realität und müssen weichen, wenn sie sich als unangemessen erweisen. Vorsichtig werden sie verändert, das intuitive Verständnis wandelt sich, und Konzepte treten zu neuen Kombinationen zusammen. Die Wissenschaftler sind bemüht, ihre Ideen in verständliche Formen zu gießen, doch wenn die Naturgesetze nicht hineinpassen, müssen diese Formen zerbrochen und durch andere ersetzt werden. Unwiderlegliche Fakten sind ein guter Schutz vor der Flucht in eine Welt von Theorien, die auf einleuchtenden, aber falschen Vorurteilen beruhen.

Nicht der Wissenschaftler, sondern die Natur hat das letzte Wort.

Register

Angelika Anders-von Ahlften/
Jürgen Altheide
Laser - das andere Licht
(rororo science 9664)
Erhältlich ab August '94.
Laser - das andere Licht: Was
ist das? Wie funktioniert es?
Was kann man damit
machen? Immer mehr
Menschen haben mit dieser
wichtigen technischen
Neuerung zu tun: in der Meß-
und Informationstechnik, in
Labors und Fabrikhallen, in
medizinischen wie in
künstlerischen Berufen.

John D. Barrow
Theorien für Alles
*Die Suche nach der
Weltformel*
(rororo science 9534)
Erhältlich ab September '94.
«Alles» ist ein großes Wort.
Gibt es eine Theorie, in der
alle Naturkräfte und -gesetze
vereinigt sind und die das
Weltgeschehen vom Anfang
bis zum Ende erklären kann?
Das ist die zentrale Frage der
Naturwissenschaft. Schon
Sokrates geriet bei diesem
Gedanken ins Schwärmen -
und Ende des 20. Jahrhun-
derts zeigen sich Wissen-
schaftler wie Stephen W.
Hawking zuversichtlich: «Es
ist möglich, daß uns eines
Tages der Durchbruch zu
einer vollständigen Theorie
des Universums gelingt.»

Adrian Desmond/James
Moore
Darwin
(rororo science 9574)
Erhältlich ab Mai '94.
Als «erste wirkliche Darwin-
Biographie» würdigte die

Adrian Desmond /
James Moore
Darwin

britische Presse dieses Werk,
das in weiten Teilen erst seit
wenigen Jahren zugängliches
Material auswertet: die
umfangreichen geheimen
Tagebücher und die 14.000
Briefe umfassende Korrespon-
denz. «Desmond und Moore
haben aus dieser Fundgrube
ein Darwin-Bild von bislang
nicht denkbarer Lebensnähe
rekonstruiert», schreibt Peter
Brügge in seiner *Spiegel*-
Rezension.

Gaby Miketta
Netzwerk Mensch
*Den Verbindungen von
Körper und Seele auf der
Spur*
(Rororo science 9662)
Erhältlich ab Oktober '94.
Der Mensch als Netzwerk:
Wie wir uns fühlen, wie wir
mit Belastungen fertig
werden, wie anfällig wir für
Erkrankungen sind - all das
hängt mit der stetigen
Wechselwirkung von
Nerven-, Hormon- und
Immunsystem zusammen,
dem Forschungsfeld der
neuen Wissenschaft
«Psychoneuroimmunologie».

Die Reihe rororo «science» bietet Lesern, die sich für Naturwissenschaft und Technologien interessieren, aktuelle und verläßliche Informationen. Die Autoren sind Wissenschaftler und Wissenschaftsjournalisten, die ohne Formelhuberei und Fachkauderwelsch, dafür mit Sachverstand, Witz und farbiger Sprache über verschiedene Bereiche der Forschung und deren Auswirkungen auf unser Leben berichten.

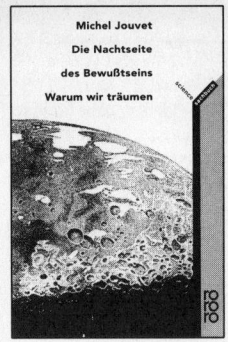

Bernhardt Borgeest
Ein Baum und sein Land
24 Symbiosen
(rororo science 9536)
Ein neuer, ungewohnter Blick auf unsere knorrigen Gesellen - der Baum ist nicht nur aus botanischer Sicht faszinierend, sondern auch als kulturhistorisches und ethnologisches Phänomen: als Symbol idealer menschlicher Eigenschaften, als Ort der Riten und des Richtens, als Nationalheiligtum und schnöder Holzlieferant ist er aus unserer Geschichte und Gesellschaft nicht wegzudenken.

Claus Emmeche
Das lebende Spiel
Wie die Natur Formen erzeugt
(rororo science 9618)

Christoph Drösser
Fuzzy Logic
Methodische Einführung in krauses Denken
(rororo science 9619)
Alle reden von Fuzzy Logic - und keiner weiß genau, was das ist.

Der Wissenschaftsjournalist Christoph Drösser lädt ein zu einer vergnüglichen Zickzackfahrt durch Fuzzyland: die Grauzonen der graduellen Übergänge, des Noch-nicht-und-nicht-Mehr.

Michel Jouvet
Die Nachtseite des Bewußtseins
Warum wir träumen
(rororo science 9621)

Robert Ornstein/Richard F.Thompson
Unser Gehirn: das lebendige Labyrinth
(rororo science 9571)
«Unter den Veröffentlichungen der letzten Jahre auf dem Gebiet der Hirnforschung erhält das Buch seinen besonderen Stellenwert durch die eindrucksvollen Zeichnungen von Macaulay, der mit ungewöhnlichen, perspektivischen Darstellungen der Gehirnstukturen auch den vorgebildeten Leser verblüfft.»
bild der wissenschaft

Kosmologie und Astrophysik

Peter W. Atkins
Schöpfung ohne Schöpfer *Was
war vor dem Urknall?*
(rororo sachbuch 8391)

Reinhard Breuer (Hg.)
Immer Ärger mit dem Urknall
*Das kosmologische Standard-
modell in der Krise*
(rororo science 9323)

Rudolf Diehl
Sonne, Mond und Sterne
*Unser Sonnensystem -
Ein Überblick*
(rororo sachbuch 9305)

Hans Elsässer
Weltall im Wandel
Die neue Astronomie
(rororo sachbuch 8361)
Die Astronomie, zu deren
führenden Vertretern
Professor Hans Elsässer zählt,
entwirft heute ein neues Bild
vom Weltall. Durch das stark
erweiterte Arsenal ihrer
Beobachtungsmethoden hat
sich die älteste Wissenschaft
von der Natur in jüngster Zeit
geradezu explosiv entwickelt.
Werden und Vergehen im
Kosmos ist eines ihrer
zentralen Forschungsthemen.
Hans Elsässers reich bebilder-
te Darstellung bilanziert
umfassend und prägnant diese
«neue Astronomie».

Tor Nørretranders
Der Anfang der Unendlichkeit
Essay über den Himmel
(rororo science 9528)

James Trefil
**Fünf Gründe, warum es die Welt
nicht geben kann**
*Die Astrophysik der Dunklen
Materie*
(rororo science 9313)
«Trefils Buch ist eine
faszinierende Chronik der
geistreichen Versuche, mit den
Problemen der heutigen
Modelle des Universums zu
Rande zu kommen - ohne
technische Details, Formeln,
komplizierte Diagramme und
in einfacher, klarer Sprache.»
Wiener Zeitung

Ein Gesamtverzeichnis aller
lieferbaren Bücher und
Taschenbücher der Rowohlt
Verlage und des Wunderlich
Verlags finden Sie in der
Rowohlt Revue. Jedes
Vierteljahr neu. Kostenlos in
Ihrer Buchhandlung.

Ein «Jahrhundertgenie wie Albert Einstein» (*Der Spiegel*), ein Wissenschaftler, der der Weltformel auf der Spur ist, ein Mann, der entgegen allen Prognosen der Ärzte seit zwanzig Jahren mit einer unheilbaren tödlichen Nervenerkrankung lebt, kurz ein Mythos - **Stehen W. Hawking**, 1942 geboren, Physiker und Mathematiker an der Universität Cambridge, seit 1979 Nachfolger Newtons auf dem berühmten «Lukasischen Lehrstuhl» und der wohl bekannteste Wissenschaftler unserer Zeit.

Stephen W. Hawking
Eine kurze
Geschichte
der Zeit
Die Suche nach
der Urkraft
des Universums

Eine kurze Geschichte der Zeit
Die Suche nach der Urkraft des Universums
(rororo science 8850 und als gebundene Ausgabe)
Der Bestseller, der Hawking weltberühmt machte.
«Eine rasante Geister-bahnfahrt durch das Laby-rinth kosmologischer Denkmodelle.»
Der Spiegel

Einsteins Traum *Expeditionen an die Grenzen der Raum-zeit*
(192 Seiten. Gebunden)

Stephen W. Hawking (Hg.)
Stephen Hawkings Kurze Geschichte der Zeit
Ein Wissenschaftler und sein Werk
(224 Seiten mit zahlreichen Abbildungen. Gebunden)

Über Stephen W. Hawking:

John Boslough
Jenseits des Ereignishorizonts
Stephen Hawkings Universum
(176 Seiten. Gebunden)

Michael White/John Gribbin
Stephen Hawking *Die Biographie*
(rororo science 9528)

Ein Gesamtverzeichnis aller lieferbaren Bücher und Taschenbücher der Rowohlt Verlage und des Wunderlich Verlags finden Sie in der *Rowohlt Revue*. Jedes Vierteljahr neu. Kostenlos in Ihrer Buchhandlung.

James Trefil

Physik im Strandkorb *Von Wasser, Wind und Wellen*
Deutsch von
Helmut Mennicken
Mit Illustrationen von
Gloria Walters
(rororo science 9683 -
erhältlich ab Juli '94 - und als
gebundene Ausgabe im
Wunderlich Verlag)
Wie kommt das Salz ins
Meer? Warum gibt es Ebbe
und Flut? Wieso rollen die
Wellen immer parallel auf den
Strand zu?
«Ein herrlicher Ausflug vom
Strand bis ans Ende des Son-
nensystems.»
The New York Times

Physik in der Berghütte *Von Gipfeln, Gletschern und Gestein*
Deutsch von
Helmut Mennicken
(rororo science 9382 und als
gebundene Ausgabe im
Wunderlich Verlag)
James Trefils Streifzüge
durchs Gebirge sind keine
schweißtreibenden
Kletterpartien, sondern
lustvolle Gedankenreisen: von
Felsmassiven zur Geschichte
der Erde, vom sprudelnden
Gebirgsbach zu Strömungs-
lehre und Chaostheorie, vom
Drehwuchs der Bäume zum
Ursprung des Lebens.
«Trefil ist einer der wenigen
Wissenschaftler, die dem
Leser nicht nur die wissen-
schaftlichen Sachverhalte,
sondern auch den Spaß daran
vermitteln.»
Los Angeles Times

1000 Rätsel der Natur
Deutsch von
Helmut Mennicken
(als gebundene Ausgabe im
Wunderlich Verlag)
In lebendiger Sprache werden
die Grundlagen der Biologie,
der Physik, der Geologie und
Astronomie dargestellt. Wir
erfahren aber auch, was der
Daumen des Panda-Bären
evolutionsgeschichtlich bedeutet, warum wir alt werden, warum Blumen einst für
das Dinosaurier-Sterben verantwortlich gemacht worden
sind und was Computerviren
mit Krankheitserregern gemeinsam haben.

Fünf Gründe, warum es die Welt nicht geben kann *Die Astrophysik der Dunklen Materie*
(rororo science 9313)

Wunderlich und rororo